云计算时代背景下大数据技术理论与实践应用研究

周艳萍　著

西北工业大学出版社

西　安

图书在版编目(CIP)数据

云计算时代背景下大数据技术理论与实践应用研究 /
周艳萍著. — 西安：西北工业大学出版社，2022.7
ISBN 978 - 7 - 5612 - 8273 - 1

Ⅰ. ①云⋯　Ⅱ. ①周⋯　Ⅲ. ①数据处理-研究　Ⅳ.
①TP274

中国版本图书馆 CIP 数据核字(2022)第 146812 号

YUNJISUAN SHIDAI BEIJING XIA DASHUJU JISHU LILUN YU SHIJIAN YINGYONG YANJIU
云 计 算 时 代 背 景 下 大 数 据 技 术 理 论 与 实 践 应 用 研 究
周艳萍　著

责任编辑：胡莉巾		策划编辑：张　晖	
责任校对：万灵芝		装帧设计：董晓伟	

出版发行：西北工业大学出版社
通信地址：西安市友谊西路 127 号　　　邮编：710072
电　　话：(029)88491757，88493844
网　　址：www.nwpup.com
印 刷 者：西安真色彩设计印务有限公司
开　　本：710 mm×1 000 mm　　　1/16
印　　张：13.375
字　　数：262 千字
版　　次：2022 年 7 月第 1 版　　　2022 年 7 月第 1 次印刷
书　　号：ISBN 978 - 7 - 5612 - 8273 - 1
定　　价：58.00 元

前　言

随着互联网技术的发展,"云计算"的概念已经被广泛运用到人们的生活中,无论是国外已经成熟的 Intel 和 IBM,还是国内的阿里云等,各种"云计算"的应用服务范围正在日益扩大,其造成的影响也是不可估量的。云计算是基于互联网的相关服务的增加、使用和交付模式,通常涉及通过互联网来提供动态易扩展且经常是虚拟化的资源。云是网络、互联网的一种比喻说法。因此,云计算可以让用户体验到超快速的运算能力,如每秒运算 10 万亿次,拥有这么强大的计算能力可以模拟核爆炸、预测气候变化和市场发展趋势。用户可通过电脑、笔记本、手机等方式接入数据中心,按自己的需求进行运算。

随着云时代的到来,大数据吸引了更多人的关注。所谓大数据技术,通常指的是捕捉、聚合、处理不断增长数据的技术能力。由此可知,大数据技术让数据获取更加快捷,让数据内容更加具有广度和深度。"大数据"这个术语最早期的引用可追溯到 apache org 的开源项目 Nutch。当时,大数据用来描述更新网络搜索索引需要同时进行质量处理或分析的大量数据集。随着谷歌 Map Reduce和 Google File System (GFS)的发布,大数据不再仅用来描述大量的数据,还涵盖了处理数据的速度。但需要明确,大数据技术的核心在于为客户挖掘数据汇总蕴藏的价值,而不只是一味地堆砌硬件。可以肯定的是,在国家的统筹规划与支持下,通过各地方政府因地制宜制定大数据产业发展策略,引导国内外 IT 龙头企业及众多创新企业积极参与,依托云时代的时代背景,大数据技术的发展前景将十分广阔。

本书共分为九个部分,即绪论和八章内容。其中,绪论主要对云计算时代的背景以及大数据的发展和挑战进行了简单的介绍;第一章从大数据存储技术的要求以及云存储技术等方面对大数据存储技术进行了阐述;第二章到第五章分别对大数据挖掘技术、大数据链接分析技术、HDFS 存储海量数据技术、HBase

存储百科数据技术进行了介绍;第六章和第七章具体讲述了大数据巨量分析与机器学习的应用领域以及深度学习技术的应用;第八章则对当前人们最为重视的云计算时代的大数据安全问题进行了说明。

在撰写本书过程中,参考了许多关于云计算和大数据等方面的书籍、资料,在此向相关作者表示诚挚的谢意。

由于水平有限,书中疏漏之处在所难免,恳请广大读者不吝赐教。

著 者

2022 年 1 月

目　　录

绪　　论

第一节　云计算时代的背景

大数据的兴起，既是信息化发展的必然，也是云计算面临的挑战。云计算与大数据的关系是"动"与"静"的关系。一方面，大数据需要有处理大数据的能力（数据获取、清洁、转换、统计等能力），其实就是强大的计算能力；另一方面，云计算的"动"也是相对而言的，比如基础设施及服务中的存储设备提供的主要是数据存储能力，所以可谓是"动中有静"。

一、云计算的概念

云计算（Cloud Computing）是基于互联网的相关服务的增加、使用和交付模式，通常涉及通过互联网来提供动态易扩展且经常是虚拟化的资源。云是网络、互联网的一种比喻说法。过去在图中往往用云来表示电信网，后来也用云来表示互联网和底层基础设施的抽象。

狭义的云计算是一种 IT 基础设施的交付和使用模式，通常是指通过网络以按需、易扩展的方式获得所需资源（硬件、平台、软件），这种特性经常被称为"像水电一样使用 IT 基础设施和软件服务"。广义的云计算是指服务的交付和使用模式，指通过网络以按需、易扩展的方式获得所需服务。这种服务可以是基于互联网的软件服务、宽带服务，也可以是任意其他的服务。它意味着计算能力也可作为一种商品通过互联网进行流通。

目前，"云计算"概念被大量运用到生产环境中，如国内的阿里云、云谷公司的 XenSystem，以及在国外已经非常成熟的 Intel 和 IBM，各种"云计算"的应用服务范围正日渐扩大，影响力也无可估量。总体来说，云计算具有以下四个特征：以网络为中心、以服务为提供方式、资源的池化与透明化、高扩展与高可靠性。

二、云计算的体系结构

云计算平台可以看成一个强大的"云"网络，连接大量并发计算的网络计算和服务，可利用虚拟化技术扩展每个服务器的能力，将各自的资源通过计算平台结合起来,最终提供超级计算和存储能力。云计算体系结构如图0-1-1所示。

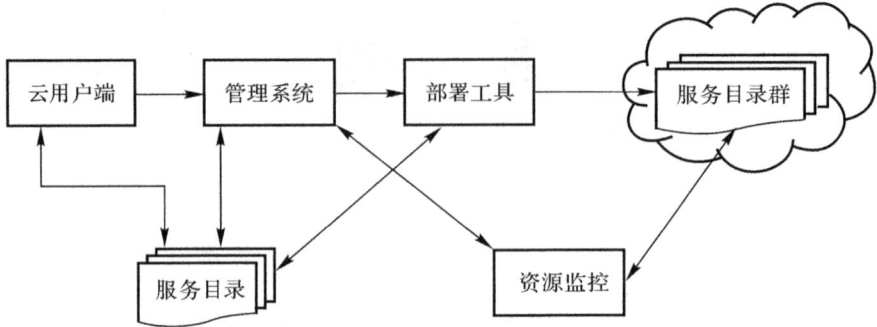

图0-1-1 云计算体系结构示意图

云计算体系结构功能如下:

第一,云用户端。云用户端为用户提供云请求服务的交互界面,是用户使用云的入口。用户通过 Web 注册账户、登录、制定服务、配置管理用户,打开应用实例就像本地操作桌面系统一样。

第二,管理系统。管理系统主要为用户提供管理和服务,能对用户授权、认证、登录进行管理,还能够管理用户的可用资源和服务。

第三,部署工具。部署工具接收用户发送的请求,根据用户请求转发相应的程序,部署资源应用,配置、回收资源。

第四,服务目录群。服务目录群管理系统管理的是虚拟的物理服务器,负责高并发量的用户请求处理、大运算时计算处理、用户 Web 应用服务,云数据存储时采用相应数据切割法,使用并行方式上传/下载大容量数据。

第五,服务目录。云用户通过付费取得相应的权限后可以选择定制服务列表,或者对服务进行退订操作。在管理系统中,云用户还可以在界面生成图标或列表等服务。

第六,资源监控。监控云资源的使用情况,以便做出反应,完成节点同步配置工作,确保资源能够分配到每个用户。

三、云计算的关键技术

云计算通过网络利用动态易扩展的被虚拟化的计算资源提供服务,其中的关键技术有以下几种。

(一)虚拟化技术

虚拟化技术在虚拟的环境中运行,它可以扩展硬件的容量,简化软件的重新配置过程,减少软件虚拟机相关开销,支持更广泛的操作系统。在云计算中,计算系统虚拟化是一切建立在"云"上的服务与应用基础。目前,虚拟化技术主要应用于服务器、操作系统、中央处理器(CPU)等方面,提高了工作效率。通过虚拟化技术可以实现软件应用与底层硬件的隔离,它可以将单个资源划分成多个虚拟资源的分裂模式,也可以将多个资源整合成一个虚拟资源的整合模式。虚拟化技术根据应用对象可分为三类:存储虚拟化、计算虚拟化、网络虚拟化。

(二)弹性规模扩展技术

云计算像是一个巨大的资源池,为存储使用提供了空间。但云计算的应用有着不同的负载周期,并根据负载对应的资源进行动态伸缩(高负载时动态扩展资源,低负载时释放多余资源),如此一来可以充分调用或提高资源的利用率,不会出现冗余拥挤的情况。弹性规模扩展技术为不同的应用架构设定不同的集群类型,每一种集群类型都有特定的扩展方式,然后通过监控负载的动态变化,自动为应用集群增加或减少资源。

(三)分布式海量数据存储技术

云计算系统由大量服务器组成,为用户提供服务。云计算系统采用了分布式存储方式存储数据,用冗余存储方式(集群计算、数据冗余和分布式存储)保证数据的可靠性。冗余的方式通过任务分解和集群,用低配机器替代超级计算的性能来保证低成本,这种方式保证了分布式数据的高可用、高可靠和经济性。分布式存储目标是利用云环境中多台服务器的存储资源来满足单台服务器所不能满足的存储需求,使存储资源能够被抽象表示和统一管理。

(四)分布式计算技术

Map Reduce 编程模型是云平台最经典的分布式计算模式。Map Reduce 将大型任务分离成许多细粒度的子任务,将这些子任务分布在多个计算节点上进行调度和计算,从而在云平台上获得对海量数据的处理能力。

(五)多租户技术

多租户技术的目的在于大量用户能够共享同一堆栈的软件硬件资源,并且针对每个用户的需求分配适当的资源,实现软件服务客户化配置。这种技术的核心包括数据隔离、客户化配置、架构扩展和性能定制。

(六)海量数据管理技术

必须有能够高效管理大量数据的数据管理技术,云计算才能对海量式或分布式的数据进行处理、分析。谷歌的 BT(Big Table)数据管理技术和 Hadoop 团队所开发的开源数据管理模块 HBase 是计算系统中的数据管理技术。由于云数据存储管理不同于传统的 RDBMS 数据管理方式,云计算数据管理技术必须解决如何在规模巨大的分布式数据中找到特定的数据。

四、大数据中的云时代

(一)政府的服务云

我国早在 2004 年就提出了"服务型政府"的概念,要努力建设服务型政府,要把公共服务和社会管理放在更加重要的位置上,努力为人民群众提供方便、快捷、优质和高效的公共服务。有媒体也曾指出政府的服务云应包括以下 4 条路径。

第一,引入政府公共关系,运用传播的手段与社会公众建立互相了解、互相适应的持久联系。

第二,推进公共服务社会化,即把不一定要政府承担或政府无法承担的公共事务交由非政府组织来承担和处理,通过市场机制提高效率。

第三,完善电子政务建设。

第四,推进回应型政府建设,提升政府对社会呼声和突发事件的反应、驾驭和处理的能力,提升各级政府信息部门的反应能力。

(二)政府的服务云架构

政府的服务云架构如图 0-1-2 所示。

税收、桥梁、道路、审批等职能通过数据交换连接到服务云中,并且通过服务云实现各自的资源共享。非政府组织(诸如世界卫生组织、世界野生动物保护组织等)所提供的公共资源,也通过数据交换加入云中,与政府各职能部门实现基于角色的信息共享。云的另一端则连接着无数个体民众和法人(营利和非营利组织)。他们上网不需要单独与税务局打交道,对他们来说,对象即为一个政府,而这个政府即存在于无所不在的云中。

(三)数据平台和创新中心

1.职能部门间的数据共享

在 Web2.0 时代,正如谷歌哺育了一代由广告养活的中小网站,苹果通过联合庞大的第三方开发者开发各种应用软件而颠覆手机行业游戏规则一样,政府的数据平台应该成为新的创新中心。数据平台整合各个职能部门的资源,另外,如果让每个人都能够接入政府数据,这将可能给企业带来新的商业机会。

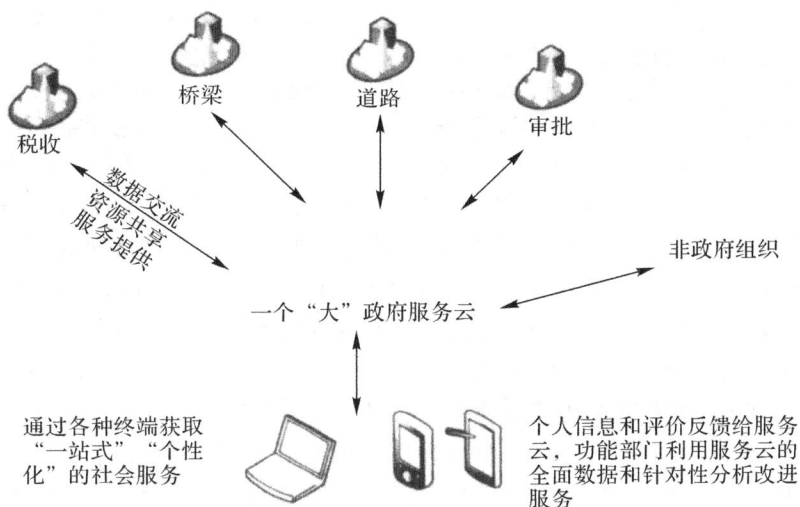

图 0-1-2　政府的服务云架构

2.无缝用户体验与公共服务消费数据的共享

政府云可通过民众的访问和操作获得大量终端用户的行为信息。一个"整合的政府"提供给终端民众的不仅仅是一站式的服务,也是无缝的用户体验。未来政府的服务云将实现不同终端的一致性接入,民众不仅可通过计算机,还可通过手机、iPad 等获取端到端的服务。Web 已推动民众间建立起可信的人际关系网络,并日益向真实化的社交社区演进。政府也在利用这个工具加强与民众的沟通,并实时监控,进行前馈性分析,从而提高对突发事件和热点话题的反应速度。如:白宫将政府信息实时发送到 MySpace、Facebook、Twitter 上;英国政府甚至向机关发文,要求公务员学习使用 Twitter,各政府部门都要开 Twitter,每天发布 2~10 条信息。民众与政府间的"围墙"正在消失。

同时,英国政府正在推动为每个公民设立一个网页的计划,这样学生可与教师做关于课程的讨论,医生和患者可以成为保持沟通的朋友。如此多的网页,不可能由市民自己想办法建立,而是要统一运行在一个云平台上面。相比之前围墙高耸的情况,无论政府部门之间还是政府与民众间,我们都有理由相信,当所有的政府数据、民众对公共服务的消费数据、互动数据在同一平台上汇聚时,将引发新一轮商业创新的爆发。

第二节　大数据的发展与挑战

一、国际发展历程

大数据的历史最早可以追溯到 18 世纪 80 年代,1885—1890 年,美国统计学家赫尔曼·霍尔瑞斯(Herman Hollerith)为了统计 1890 年的人口普查数据,发明了一台电动器来读取卡片上的洞数,该设备让美国用 1 年时间就完成了原本耗时 8 年的人口普查活动,由此在全球范围内引发了数据处理的新纪元。

1944 年,卫斯理大学图书馆馆员弗莱蒙特·雷德(Fremont Reid)对大数据时代的到来进行了预见。他出版了《学者与研究型图书馆的未来》一书,在书中他估计美国高校图书馆的规模将每 16 年就翻一番。

1961 年,德里克·普赖斯(Derek Price)出版了《巴比伦以来的科学》,在这本书中,普赖斯通过观察科学期刊和论文的增长规律来研究科学知识的增长。他得出以下结论:新期刊的数量以指数方式增长而不是以线性方式增长,每 15 年翻一番,每 50 年以 10 为指数进行增长。普赖斯将其称为"指数增长规律",并解释道:"科学每前进一步,就以一个相当恒定的出现率产生一系列新的进步,因此在任何时候,新科学的产生数量永远严格地与科学发现总量成正比。"

1980 年 4 月,I. A. 詹姆斯·兰德(I. A. James Rand)在第四届美国电气和电子工程师协会(IEEE)"大规模存储系统专题研讨会"上做了一个报告,题为"我们该何去何从?"。在报告中,他指出所有数据正在被无选择地保存以避免错失有价值的信息。

1981 年,匈牙利中央统计办公室开始实施一项调查国家信息产业的研究项目,包括以比特为单位计量信息量。这项研究一直持续至今。

1986 年 7 月,哈尔·贝克尔(Hal Becker)在《数据通信》上发表了《用户真的能够以今天或者明天的速度吸收数据吗?》一文,预计数据记录密度将大幅增长。

1993 年,匈牙利中央统计办公室首席科学家伊斯特万·迪恩斯(Eastman Deans)编制了一本国家信息账户的标准体系手册。

1997 年 10 月,迈克尔·考克斯(Michael Cox)和大卫·埃尔斯沃思(David Ellsworth)在第八届美国电气和电子工程师协会(IEEE)关于可视化的会议论文集中发表了题为"为外存模型可视化而应用控制程序请求页面调度"的文章。这是在美国计算机学会的数字图书馆中关于大数据发展历程综述的第一篇使用"大数据"这一术语的文章。

1999 年 8 月，史蒂夫·布赖森（Steve Bryson）、大卫·肯怀特（David Kenwhite）、迈克尔·考克斯（Michael Cox）、大卫·埃尔斯沃思（David Ellsworth）以及罗伯特·海门斯（Robert Hymens）在《美国计算机协会通讯》上发表了《千兆字节数据集的实时性可视化探索》一文。这是《美国计算机协会通讯》上第一篇使用"大数据"这一术语的文章。

2001 年，美国一家在信息技术研究领域具有权威地位的咨询公司 Gartner 首次开发了大数据模型。

2001 年 2 月，梅塔集团分析师道格·莱尼（Doug Lenny）发布了一份研究报告，题为"3D 数据管理：控制数据容量、处理速度及数据种类"。10 年后，3V 作为定义大数据的三个维度而被广泛接受。

2005 年，Hadoop 项目诞生。Hadoop 是由多个软件产品组成的一个生态系统，这些软件产品共同实现全面功能和灵活的大数据分析。

2007 年，著名图灵奖获得者吉姆·格雷（Jim Gray）在一次演讲中提出，"数据密集型科学发现"（Data Intensive Scientific Discovery）将成为科学研究的第四范式。

2008 年末，"大数据"得到部分美国知名计算机科学研究人员的认可，业界组织计算社区联盟（Computing Community Consortium），发表了一份有影响力的白皮书——《大数据计算：在商务、科学和社会领域创建革命性突破》。它使人们的思维不再局限于数据处理的机器。该组织可以说是最早提出"大数据"概念的机构。

2008 年，在 Google 成立 10 周年之际，著名的《自然》杂志出版了一期专刊，专门讨论与未来的大数据处理相关的一系列技术问题和挑战，其中就提出了"Big Data"的概念。

大约从 2009 年开始，"大数据"逐渐成为互联网信息技术行业的流行词汇。

2009 年，印度政府建立了用于身份识别管理的生物识别数据库，联合国全球脉冲项目已研究了对如何利用手机和社交网站的数据源来分析、预测从螺旋价格到疾病暴发之类的问题。

2009 年年中，美国政府通过启动 Data.gov 网站的方式进一步开放了数据的大门，这个网站向公众提供各种各样的政府数据，这一行动激发了从肯尼亚到英国范围内的政府相继推出类似举措。

2010 年 2 月，肯尼斯·库克尔（Kenneth Kucker）在《经济学人》上发表了长达 14 页的大数据专题报告——《数据，无所不在的数据》。库克尔在报告中提到："世界上有着无法想象的巨量数字信息，并以极快的速度增长。"科学家和计算机工程师已经为这个现象创造了一个新词汇"大数据"。库克尔也因此成为最早洞见大数据时代趋势的数据科学家之一。

2010年12月，美国总统办公室下属的科学技术顾问委员会（PCAST）和信息技术顾问委员会（PITAC）向奥巴马和国会提交了一份题为《规划数字化未来》的战略报告，把大数据收集和使用的工作提升到体现国家意志的战略高度。

2011年2月，IBM的沃森超级计算机每秒可扫描并分析4TB（约2亿页文字量）的数据量，并在美国著名智力竞赛电视节目 *Jeopardy*（《危险边缘》）上击败两名人类选手而夺冠。后来《纽约时报》认为这一刻为一个"大数据计算的胜利"。

2011年5月，全球知名咨询公司麦肯锡的全球研究院（MGI）发布了一份报告——《大数据：创新、竞争和生产力的下一个新领域》，这项研究估计2010年所有的公司存储了7.4EB新产生的数据，消费者存储了6.8EB新数据。大数据开始备受关注，这也是专业机构第一次全方面地介绍和展望大数据。

2012年1月，在瑞士达沃斯召开的世界经济论坛上，大数据是主题之一，会上发布的报告 *Big Data，Big Impact*（《大数据，大影响》）宣称，数据已经成为一种新的经济资产类别。

在2012年美国总统选举中，那些精于数字计算的数据挖掘团队把传统的投票放在一边不用，而是利用"大数据"来规划这次选举将如何进行。如利用房产记录、选举记录甚至是期刊的订阅注册等来预测人们对候选人的看法、这些看法是否能被改变，以及为此要采取怎样的措施等。

2012年3月，美国政府在白宫网站发布了《大数据研究和发展倡议》，这一倡议标志着大数据已经成为重要的时代特征。

2012年3月22日，美国政府宣布用2亿美元投资大数据领域，这件事是大数据技术从商业行为上升到国家科技战略的分水岭，在次日的电话会议中，奥巴马政府对数据的定义为"未来的新石油"，大数据技术领域的竞争，事关国家安全和未来。

2012年4月，美国软件公司 Splunk 于19日在纳斯达克成功上市，成为第一家上市的大数据处理公司。

Splunk 成功上市促进了资本市场对大数据的关注，同时也促使 IT 厂商加快大数据布局。

2012年7月，联合国在纽约发布了一本关于大数据政务的白皮书《大数据促发展：挑战与机遇》，标志着全球大数据的研究和发展进入了前所未有的高潮。这本白皮书总结了各国政府如何利用大数据响应社会需求，指导经济运行，更好地为人民服务，并建议成员国建立"脉搏实验室"（Pulse Labs），挖掘大数据的潜在价值。

2014 年 4 月,世界经济论坛以"大数据的回报与风险"为主题发布了《全球信息技术报告(第 13 版)》。该报告认为,在未来几年中针对各种信息通信技术的政策甚至会显得更加重要,接下来将对数据保密和网络管制等议题展开积极讨论。

2014 年 5 月,美国白宫发布了 2014 年全球"大数据"白皮书的研究报告《大数据:抓住机遇、守护价值》。该报告鼓励使用数据以推动社会进步,同时,也需要相应的框架、结构与研究,来帮助保护美国人对于保护个人隐私、确保公平或是防止歧视的坚定信仰。

2017 年,英国在议会期满前,开放有关交通运输、天气和健康方面的核心公共数据库,并在五年内投资 1 000 万英镑建立世界上首个"开放数据研究所";政府将与出版行业等共同尽早实现对得到公共资助产生的科研成果的免费访问,英国皇家学会也在考虑如何改进科研数据在研究团体及其他用户间的共享和披露;英国研究理事会将投资 200 万英镑建立一个公众可通过网络检索的"科研门户"。

2020 年 7 月,世界人工智能大会云端峰会数据智能主题论坛成功举办。该论坛上举办了公共数据开放应用试点项目合作签约仪式、第六届上海开放数据创新应用大赛(SODA)开赛仪式。该论坛以"数据智能 无限未来"为主题,聚焦新基建、新经济、新要素等热点话题,以及多方计算、联邦学习、数据治理等前沿技术,展现大数据与人工智能深度融合带来的最新成果和美好前景。

由于大数据技术的特点和重要性,目前国内外已经出现了"数据科学"的概念,即数据处理技术将成为一个与计算科学并列的新的科学领域。

二、国内发展状况

为了紧跟全球大数据技术发展的浪潮,我国政府、学术界和工业界对大数据也予以了高度的关注。

2011 年 12 月,工信部发布的《物联网"十二五"发展规划》,信息处理技术作为 4 项关键技术创新工程之一被提出来,其中包括了海量数据存储、数据挖掘、图像视频智能分析,这都是大数据的重要组成部分。

2012 年 7 月,为挖掘大数据的价值,阿里巴巴在管理层设立"首席数据官"一职,负责全面推进"数据分享平台"战略,并推出大型的数据分享平台"聚石塔",为天猫、淘宝平台上的电商及电商服务商等提供数据云服务。阿里巴巴也是最早提出通过数据进行企业数据化运营的企业。为了推动我国大数据技术的研究发展,2012 年中国计算机学会(CCF)发起、组织了 CCF 大数据专家委员会,CCF 专家委员会还特别成立了一个"大数据技术发展战略报告"撰写组,并已撰写发布了《中国大数据技术与产业发展白皮书（2013）》。

2013年4月14日和21日，央视著名的《对话》节目分别邀请了《大数据时代——生活、工作与思维的大变革》作者维克托·迈尔·舍恩伯格（Victor Myer Schoenberg），以及美国大数据存储技术公司LSI总裁阿比·塔尔沃卡尔（Abhi Talwalkar），做了两期大数据专题谈话节目《谁在引爆大数据》《谁在掘金大数据》。央视媒体对大数据的关注和宣传体现了大数据技术已经成为国家和社会普遍关注的焦点。国内的学术界和工业界也都迅速行动，广泛开展大数据技术的研究和开发。

2013年以来，国家自然科学基金、973计划、核高基（即核心电子器件、高端通用芯片及基础软件产品）、"863"计划等重大研究计划都已经把大数据研究列为重大的研究课题。

2014年，"大数据"首次出现在当年的政府工作报告中。报告中指出，要设立新兴产业创业创新平台，在大数据等方面赶超先进，引领未来产业发展。"大数据"旋即成为国内热议词汇。清华信息科学与技术国家实验室（筹）（简称清华信息国家实验室）也成立了数据科学院，并于2014年12月22日举办了"大数据论坛——数据科学与技术"，对大数据发展战略和各大数据专项进行了探讨。

2015年，国务院正式印发《促进大数据发展行动纲要》。纲要明确，推动大数据发展和应用，在未来5～10年打造精准治理、多方协作的社会治理新模式，建立运行平稳、安全高效的经济运行新机制，构建以人为本、惠及全民的民生服务新体系，开启大众创业、万众创新的创新驱动新格局，培育高端智能、新兴繁荣的产业发展新生态。这标志着大数据正式上升为国家战略。

2016年10月，探码科技精准扶贫大数据平台项目正式启动。探码大数据平台不仅具备动态大数据云存储，随时查看帮扶对象信息，贫困信息云定位，大数据动态统计分析四大特色，而且还有以下几点平台优势：①平台大数据精准管理。集精准帮扶对象、精准帮扶措施、精准帮扶责任人、精准项目实施、精准资金应用、精准脱贫成效为一体。②多平台支持。提供WEB端、移动终端、微信平台等多平台应用。③动态图表大数据展示。提供列表、图形、柱状图等动态数据分析功能。④多技术手段。省、市、县、乡、村五级用户信息同步，云技术数据存储展示、分析统计。⑤提供贫困户、村扶贫动态图片展示。⑥实时、全面的系统用户、角色、机构动态管理，用户分包联动协作。⑦支持个性化定制，针对各地不同政策需求量身定制。

2020年，数字经济发展热潮兴起、数字中国建设走向深入、数字化转型需求

大量释放,我国大数据产业迎来新的发展机遇期,各区域将更重视大数据发展与
地区经济结构转型升级的紧密结合,各企业将更深入挖掘基于大数据融合应用
的新业务市场,各级政府将更积极探索数据驱动的政府服务模式创新,以工业大
数据发展为引领的大数据与实体经济融合更加深化,推动我国大数据产业发展
迈向更高水平。

　　大数据分析相比于传统的数据仓库应用,具有数据量大、查询分析复杂等特
点。为了设计适合大数据分析的数据仓库架构,下面将列举大数据分析平台需
要具备的几个重要特性,对当前的主流实现平台——并行数据库、Map Reduce
及基于两者的混合架构进行了分析归纳,指出各自的优势及不足,同时也对大数
据发展面临的挑战进行介绍,并展望未来。

三、大数据的特性

　　数据仓库系统需具备的几个重要特性如表 0-2-1 所示。

表 0-2-1　数据仓库系统需要具备的特性

特　性	说　明
高度可扩展性	横向大规模可扩展,大规模并行处理
高性能	快速响应复杂查询与分析
高度容错性	对硬件平台一致性要求不高,适应能力强
支持异构环境	业务需求变化时,能快速反应
较低的分析延迟	既能方便查询,又能处理复杂分析
较低的成本	较高的性价比
向下兼容性	支持传统的商务智能工具

(一)高度可扩展性

　　一个明显的事实是,数据库不能依靠一台或少数几台机器的升级(scale-
up,纵向扩展)满足数据量的爆炸式增长,而是希望能方便地做到横向可扩展
(scale-out)来实现此目标。

　　普遍认为无共享结构(shared-nothing,每个节点拥有私有内存和磁盘,并
且通过高速网络与其他节点互连)具备较好的扩展性。分析型操作往往涉及大

规模的并行扫描、多维聚集及星形连接操作,这些操作也比较适合在无共享结构的网络环境下运行。Teradata 即采用此结构,Oracle 在其新产品 Exadata 中也采用了此结构。

(二)高性能

数据量的增长并没有降低对数据库性能的要求,反而有所提高。软件系统性能的提升可以降低企业对硬件的投入成本,节省计算资源,提高系统吞吐量。巨量数据的效率优化,并行是必由之路。1PB 数据在 50 MB/s 速度下串行扫描一次,需要 230 天;而在 6 000 块磁盘上,并行扫描 1PB 数据只需要 1 h。

(三)高度容错性

大数据的容错性要求在查询执行过程中,一个参与节点失效时,不需要重做整个查询,而机群节点数的增加会带来节点失效概率的增加。在大规模机群环境下,节点的失效将不再是稀有事件(根据谷歌报告,平均每个 Map Reduce 数据处理任务即有 1.2 个工作节点失效)。因此在大规模机群环境下,系统不能依赖于硬件来保证容错性,要更多地考虑软件容错。

(四)支持异构环境

建设同构系统的大规模机群难度较大,原因在于计算机硬件更新较快,一次性购置大量同构的计算机是不可取的,一般会在未来添置异构计算资源。此外,不少企业已经积累了一些闲置的计算机资源,此种情况下,异构环境不同节点的性能是不一样的,可能出现"木桶效应",即最慢节点的性能决定整体处理性能。因此,异构的机群需要特别关注负载均衡、任务调度等方面的设计。

(五)较低的分析延迟

分析延迟是分析前的数据准备时间。在大数据时代,分析所处的业务环境是变化的,因此也要求系统能动态地适应业务分析需求。在分析需求发生变化时,减少数据准备时间,系统能尽可能快地做出反应,快速地进行数据分析。

(六)较低的成本

在满足需求的前提下,技术成本越低,其生命力就越强。值得指出的是,成本是一个综合指标,不仅仅是硬件或软件的代价,还应包括日常运维成本(网络费用、电费、建筑等)和管理人员成本等。据报告,数据中心的主要成本不是硬件的购置成本,而是日常运维成本,因此,在设计系统时需要更多地关注此项内容。

(七)向下兼容性

在数据仓库发展的几十年中,产生了大量面向客户业务的数据处理工具(如 Informactica、Data Stage 等)、分析软件(如 SPSS、R、MATLAB 等)和前端展现工具(如水晶报表)等。这些软件和工具是一笔宝贵的财富,已被分析人员所熟悉,是大数据时代中小规模数据分析的必要补充。因此,新的数据仓库需考虑同传统商务智能工具的兼容性。由于这些系统往往提供标准驱动程序,如 ODBC、JDBC 等,这项需求的实际要求是对 SQL 的支持。

总而言之,以较低的成本投入高效地进行数据分析是大数据分析的基本目标。

四、大数据的研究现状

对并行数据库来讲,其最大问题在于有限的扩展能力和待改进的软件级容错能力;Map Reduce 的最大问题在于性能,尤其是连接操作的性能;混合式架构的关键是怎样能尽可能多地把工作推向合适的执行引擎(并行数据库或 Map Reduce)。下面对近年来在这些问题上的研究做分析归纳。

(一)并行数据库扩展性和容错性研究

华盛顿大学提出了可以生成具备容错能力的并行执行计划优化器。该优化器可以依靠输入的并行执行计划、各个操作符的容错策略及查询失败的期望值等,输出一个具备容错能力的并行执行计划。在该计划中,每个操作符都可以采取不同的容错策略,在失败时仅重新执行其子操作符(在某节点上运行的操作符)的任务来避免整个查询的重新执行。

麻省理工学院于 2010 年设计的 Osprey 系统基于维表在各个节点全复制、事实表横向切分冗余备份的数据分布策略,将一星形查询划分为众多独立子查询。每个子查询在执行失败时都可以在其备份节点上重新执行,而不用重做整个查询,使得数据仓库查询获得类似 Map Reduce 的容错能力。

(二)Map Reduce 性能优化研究

Map Reduce 的性能优化研究集中于对关系数据库的先进技术和特性的移植上。

Facebook 和美国俄亥俄州立大学合作,将关系数据库的混合式存储模型应用于 Hadoop 平台,提出了 RCFile 存储格式。Hadoop 系统运用了传统数据库的索引技术,并通过分区数据并置(co-partition)的方式来提升性能。基于 Map

Reduce 实现了以流水线方式在各个操作符间传递数据,从而缩短了任务执行时间;在线聚集(online aggregation)的操作模式使得用户可以在查询执行过程中看到部分较早返回的结果。两者的不同之处在于前者仍基于 sort-merge 方式来实现流水线,只是将排序等操作推向了 Reduce,部分情况下仍会出现流水线停顿的情况,而后者利用 Hash 方式来分布数据,能更好地实现并行流水线操作。

(三)HadoopDB 的改进

2011 年针对 HadoopDB 架构提出了两种连接优化技术和两种聚集优化技术。

两种连接优化的核心思想都是尽可能地将数据的处理推入数据库层执行。第 1 种优化方式是根据表与表之间的连接关系。通过数据预分解,使参与连接的数据尽可能分布在同一数据库内,从而实现将连接操作下压进数据库内执行。该算法的缺点是应用场景有限,只适用于链式连接。第 2 种连接方式是针对广播式连接而设计的,在执行连接前,先在数据库内为每张参与连接的维表建立一张临时表,使得连接操作尽可能在数据库内执行。该算法的缺点是需要较多的网络传输和磁盘 I/O 操作。

两种聚集优化技术分别是连接后聚集和连接前聚集技术。前者是执行完 Reduce 端连接后,直接对符合条件的记录执行聚集操作;后者是将所有数据先在数据库层执行聚集操作,然后基于聚集数据执行连接操作,并将不符合条件的聚集数据做减法操作。该方式适用的条件有限,主要用于参与连接和聚集的列的基数相乘后小于表记录数的情况。

总的来说,HadoopDB 的优化技术大都局限性较强,对于复杂的连接操作(如环形连接等)仍不能下推到数据库层执行,并未从根本上解决其性能问题。

综上所述,当前研究大都集中于功能或特性的移植,即从一个平台学习新的技术,到另一个平台重新实现和集成,未涉及执行核心,因此也没有从根本上解决大数据分析问题。鉴于此,中国人民大学高性能数据库实验室的研究小组采取了一种新的思路:从数据的组织和查询的执行两个核心层次入手,融合关系数据库和 Map Reduce 两种技术,设计高性能的可扩展的抽象数据仓库查询处理框架。该框架在支持高度可扩展的同时,又具有关系数据库的性能。

五、大数据发展面临的挑战

近年来,数据仓库又成为数据管理研究的热点领域,主要原因是当前数据仓库系统面临的需求在数据源、需提供的数据服务和所处的硬件环境等方面发生了根本性的变化,这些变化是我们必须面对的。

(一)三个变化

1.数据量

数据量由太字节(TB)级升到拍字节(PB)级,并仍在持续爆炸式增长。2019年经调查显示,最大的数据仓库中的数据量,每两年增加3倍(年均增长率为173%),其增长速度远超摩尔定律[①]增长速度。照此增长速度计算,最近几年最大数据仓库中的数据量将逼近100PB。

2.分析需求

由常规分析转向深度分析(Deep Analytics)。数据分析日益成为企业利润必不可少的支撑点。根据TDWI(中国商业智能网)对大数据分析的报告(见图0-2-1),企业已经不满足于对现有数据的分析和监测,而是期望能对未来趋势有更多的分析和预测,以增强企业竞争力。这些分析操作包括诸如移动平均线分析、数据关联关系分析、回归分析、市场分析等复杂统计分析,称之为深度分析。

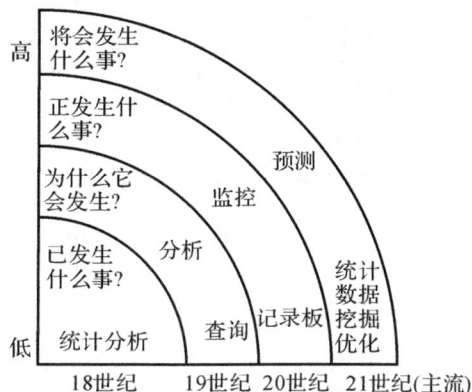

图0-2-1　分析的趋势图

3.硬件平台

由高端服务器转向由中低端硬件构成的大规模机群平台。由于数据量迅速

---

① 摩尔定律是由英特戈登·摩尔提出来的,其内容为:当价格不变时,集成电路上可容纳的元器件的数目,约每隔18～24个月便会增加一倍,性能也将提升一倍。换言之,每一美元所能买到的电脑性能,将每隔18～24个月翻一番以上。

增加,并行数据库的规模不得不随之增大,从而导致其成本的急剧上升。出于成本的考虑,越来越多的企业将应用由高端服务器转向了由中低端硬件构成的大规模机群平台。

(二)两个问题

图 0-2-2 所示为一个典型的数据仓库架构。

由图 0-2-2 可以看出,传统的数据仓库将整个实现划分为 4 个层次,数据源中的数据首先通过 ETL 工具被抽取到数据仓库中进行集中存储和管理,再按照星形模型或雪花模型组织数据,然后由 OLAP 工具从数据仓库中读取数据,生成数据立方体(MOLAP)或者直接访问数据仓库进行数据分析(ROLAP)。在大数据时代,此种计算模式存在以下两个问题。

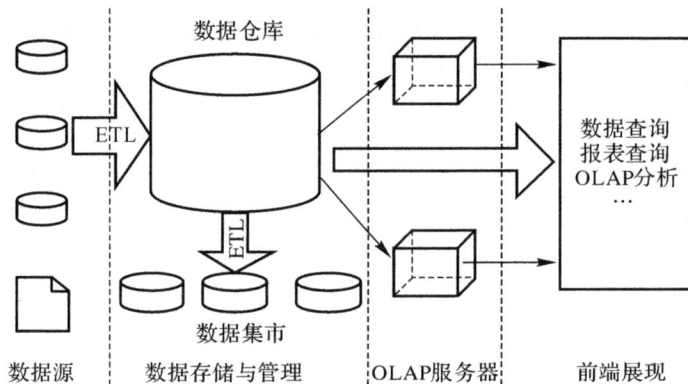

图 0-2-2 典型的数据仓库架构

1.数据移动代价过高

在数据源层和分析层间引入一个存储管理层,可以提升数据质量并针对查询进行优化,但也付出了较大的数据迁移代价和执行时的连接代价。数据首先通过复杂且耗时的 ETL 过程存储到数据仓库中,在 OLAP 服务器中转化为星形模型或者雪花模型;执行分析时,又通过连接方式将数据从数据库中取出,这些代价在太字节级时也许可以接受,但面对大数据,其执行时间至少会增长几个数量级。更为重要的是,对于大量的即时分析,这种数据移动的计算模式是不可取的。

2.不能快速适应变化

传统的数据仓库假设主题是较少变化的,其应对变化的方式是对数据源到前端展现的整个流程中的每个部分进行修改,然后重新加载数据,甚至重新计算数据,导致其适应变化的周期较长。这种模式比较适合对数据质量和查询性能要求较高,而不太计较预处理代价的场合。但在大数据时代,分析处在变化的业务环境中,这种模式将难以适应新的需求。

(三)一个鸿沟

在大数据时代,巨量数据与系统的数据处理能力间将会产生一个鸿沟:一边是至少拍字节级的数据量,另一边是面向传统数据分析能力设计的数据仓库和各种商业智能工具。如果这些系统工具发展缓慢,该鸿沟将会随着数据量的持续爆炸式增长而逐步拉大。

虽然,传统数据仓库可以采用舍弃不重要数据或者建立数据集市的方式来缓解此问题,但毕竟只是权宜之策,并非系统级解决方案。而且,舍弃的数据在未来可能会重新使用,以发掘出更大的价值。

第一章　大数据存储技术

第一节　大数据存储技术的要求

存储本身就是大数据中一个很重要的组成部分,或者说存储在每一个数据中心中都是一个重要的组成部分。随着大数据的到来,结构化、非结构化、半结构化的数据存储也呈现出新的要求,特别是统一存储也有了新变化。对于企业来说,数据对于战略和业务连续性都非常重要。然而,大数据集容易消耗巨大的时间和成本,从而造成非结构化数据的雪崩。因此,合适的存储解决方案的重要性不能被低估。如果没有合适的存储,就不能轻松访问或部署大量数据。

如何平衡各种技术以支持战略性存储并保护企业的数据?组成高效的存储系统的因素是什么?通过将数据与合适的存储系统相匹配以及考虑何时、如何使用数据,企业机构可确保存储解决方案支持,而不是阻碍关键业务驱动因素(效率和连续性)。通过这种方式,企业可自信地引领这个包含大量、广泛信息的新时代。

一、数据存储面临的问题

数据存储主要面临以下三类典型的大数据问题:

第一,联机事务处理(OLTP)系统里的数据表格子集太大,计算需要的时间长,处理能力低。

第二,联机分析处理(OLAP)系统在处理分析数据的过程中,在子集之上用列的形式去抽取数据,时间太长,分析不出来,不能做比对分析。

第三,典型的非结构化数据,每一个数据块都比较大,带来了存储容量、存储带宽、I/O瓶颈等一系列问题。例如,网游、广电的数据存储在自己的数据中心里,资源耗费很大,交付周期太长,效率低下。

OLTP也被称为实时系统,其最大的优点就是可以即时地处理输入的数据,及时地回答。这在一定意义上对存储系统的要求很高,需要一级主存储,具备高性能、高安全性、良好的稳定性和可扩展性,对于资源能够实现弹性配置。现在比较流行的是基于控制器的网格架构,网格概念使架构得以横向扩展

(scale-out),解决了传统存储架构的性能热点和瓶颈问题,并使存储的可靠性、管理性、自动化调优达到了一个新的水平。如 IBM 的 XIV、EMC 的 VMAX、惠普的 3PAR 系列都是这一类产品的典型代表。

OLAP 是数据仓库系统的主要应用,也是商业智能(Business Intelligent,BI)的灵魂。联机分析处理的主要特点是直接仿照用户的多角度思考模式,预先为用户组建多维的数据模型,展现在用户面前的是一幅幅多维视图,也可以对海量数据进行比对和多维度分析,处理数据量非常大,且很多是历史性数据,对跨平台能力要求高。OLAP 的发展趋势是从传统的批量分析,到近线(近实时)分析,再向实时分析发展。

目前,解决 BI 挑战的策略主要分为两类:第一类,通过列结构数据库,解决表结构数据库带来的 OLAP 性能问题,典型的产品如 EMC 的 Greenplum、IBM 的 Netezza;第二类,通过开源解决云计算和人机交互环境下的大数据分析问题,如 VMware Ceta、Hadoop 等。

从存储角度看,OLAP 通常处理结构化、非结构化和半结构化数据。这类分析适用于大容量、大吞吐量的存储(统一存储)。此外,商业智能分析在欧美市场是云计算"含金量"最高的云服务形式之一。对欧美零售业来说,圣诞节前后 8 周销售额可占一年销售额的 30% 以上。如何通过云计算和大数据分析,在无需长期持有 IT 资源的前提下,从工资收入、采购习惯、家庭人员构成等 BI 分析,判断出优质客户可接受的价位和服务水平,提高零售高峰期资金链、物流链周转效率、最大化销售额和利润,欧美零售业就是一个最典型的大数据分析云服务的例子。

对于媒体应用来说,数据压力集中在生产和制造的两头。比如,做网游,需要一个人做背景,一个人做配音,一个人做动作、渲染等,最后需要一个人把它们全部整合起来。在数据处理过程中,一般情况下大家同时去读取一个文件,对文件处理能力要求高,通常需要能支撑大块文件在网上传输。针对这类问题,集群网络存储器(Network Attached Storage,NAS,即网络附属存储连接在网络上,具备资料存储功能的装置)是存储首选。在集群 NAS 中,最小的单位个体是文件,通过文件系统的调度算法,可以将整个应用隔离成较小且并行的独立任务,并将文件数据分配到各个集群节点上。集群 NAS 和 Hadoop 分布文件系统的结合对于大型的应用具有很高的实用价值。典型的例子是 Isilon OS 和 Hadoop 分布文件系统集成,它们常被应用于大型的数据库查询、密集型的计算,生命科学、能源勘探以及动画制作等领域。常见的集群 NAS 产品有 EMC 的 Isilon、HP 的 Ibrix 系列、IBM 的 SoNAS、NetApp 的 OntapGX 等。

非结构化数据的增长非常迅速,除了新增的数据量,还要考虑数据的保护。

来来回回的备份，数据就增长了好几倍，数据容量的增长给企业带来了很大的压力。如何提高存储空间的使用效率和如何降低需要存储的数据量，也成为企业绞尽脑汁要解决的问题。

应对存储容量有一些优化的技术，如重复数据删除（适用于结构化数据）、自动精简配置和分层存储等技术，都是提高存储效率最重要、最有效的技术手段。如果没有虚拟化，存储利用率只有 20%～30%，通过使用这些技术，利用率提高了 80%，可利用容量增加一倍以上。结合重复数据删除技术，备份数据量和带宽资源需求可以减少 90% 以上。

目前，云存储的方式在欧美市场上的应用很广泛。例如，面对好莱坞的电影制作商，这些资源是黄金数据，如果不想放在自己的数据中心里，可以把它们归档在云上，到时再进行调用。此外，越来越多的企业将云存储作为资源补充，以提高持有 IT 资源的利用率。

无论是大数据还是小数据，企业最关心的是处理能力以及如何更好地支撑 IT 应用的性能。因此，企业做大数据时，要把大数据问题进行分类，弄清究竟属于哪一类的问题，以便和企业的应用做一个衔接和划分。

二、大数据存储不容小觑的问题

大数据存储也有许多问题，下面是对问题的总结。

（一）容量问题

这里所说的"大容量"通常可达到拍字节级的数据规模，因此海量数据存储系统也一定要有相应等级的扩展能力。与此同时，存储系统的扩展一定要简便，可以通过增加模块或硬盘数来增加容量，甚至不需要停机。基于这样的需求，客户现在越来越青睐 scale-out 架构的存储。scale-out 集群结构的特点是每个节点除了具有一定的存储容量，内部还具备数据处理能力以及互联设备。与传统存储系统的烟囱式架构完全不同，scale-out 架构可以实现无缝平滑的扩展，避免存储孤岛。

大数据应用除了数据规模巨大，还意味着拥有庞大的文件数量。因此，如何管理文件系统层累积的元数据是一个难题，处理不当会影响系统的扩展能力和性能，而传统的 NAS 系统就存在这一瓶颈。所幸的是，基于对象的存储架构就不存在这个问题。它可以在一个系统中管理十亿级别的文件数量，而且不会像传统存储一样遭遇元数据管理的困扰。基于对象的存储系统还具有广域扩展能力，可以在多个不同的地点部署并组成一个跨区域的大型存储基础架构。

(二)延迟问题

大数据应用还存在实时性的问题,特别是涉及与网上交易或者金融类相关的应用时更是如此。例如,网络成衣销售行业的在线广告推广服务需要实时地对客户的浏览记录进行分析,并准确地进行广告投放。这就要求存储系统在必须能够支持上述特性的同时保持较高的响应速度,因为响应延迟会导致系统推送"过期"的广告内容给客户。在这种场景下,scale_out架构的存储系统就可以发挥出优势,因为它的每一个节点都具有处理和互联组件,在增加容量的同时处理能力可以同步增长。而基于对象的存储系统则能够支持并发的数据流,从而进一步提高数据吞吐量。

有很多大数据应用环境需要较高的IOPS(即每秒进行读写操作的次数)性能,比如HPC(High Performance Computing,高性能计算机群)高性能计算。此外,服务器虚拟化的普及也导致了对高IOPS的需求。为了迎接这些挑战,各种模式的固态存储设备应运而生,小到简单地在服务器内部做高速缓存,大到全固态介质的可扩展存储系统等都在蓬勃发展。

(三)并发访问

一旦企业认识到大数据分析应用的潜在价值,他们就会将更多的数据集纳入系统进行比较,同时让更多的人分享并使用这些数据。为了创造更多的商业价值,企业往往会综合分析那些来自不同平台下的多种数据对象,包括全局文件系统在内的存储基础设施就能够帮助用户解决数据访问的问题。全局文件系统允许多个主机上的多个用户并发访问文件数据,而这些数据则可能存储在多个地点的多种不同类型的存储设备上。

(四)安全问题

某些特殊行业的应用,比如金融数据、医疗信息以及政府情报等都有自己的安全标准和保密性需求。虽然对于IT管理者来说这些并没有什么不同,而且都是必须遵从的,但是大数据分析往往需要多类数据相互参考,而在过去并不会有这种数据混合访问的情况,因此大数据应用也催生出一些新的、需要考虑的安全性问题。

(五)成本问题

成本问题"大",也可能意味着代价不菲。而对于那些正在使用大数据环境的企业来说,成本控制是关键的问题。想控制成本,就意味着要让每一台设备都实现更高的效率,同时还要减少那些昂贵的部件。目前,重复数据删除等技术已经进入主存储市场,而且现在还可以处理更多的数据类型,这都可以为大数据存储应用带来更多的价值,提升存储效率。在数据量不断增长的环境中,通过减少后端存储的消耗,哪怕只是降低几个百分点,企业都能够获得明显的投资回报。此外,自动精简配置、快照和克隆技术的使用也可以提升存储的效率。

很多大数据存储系统都包括归档组件,尤其对那些需要分析历史数据或需要长期保存数据的机构来说,归档设备必不可少。从单位容量存储成本的角度看,磁带仍然是最经济的存储介质。事实上,在许多企业中,使用支持太字节级大容量磁带的归档系统仍然是实际上的标准和惯例。

对成本控制影响最大的因素是那些商业化的硬件设备。因此,很多初次进入这一领域的用户以及那些应用规模最大的用户,都会定制他们自己的硬件平台,而不是用现成的商业产品,这一举措可以用来平衡他们在业务扩展过程中的成本控制战略。为了适应这一需求,现在越来越多的存储产品都提供纯软件的形式,这些软件可以直接安装在用户已有的、通用的或者现成的硬件设备上。此外,很多存储软件公司还在销售以软件产品为核心的软硬一体化装置,或者与硬件厂商结盟,推出合作型产品。

(六)数据的积累

许多大数据应用都会涉及法规遵从问题,这些法规通常要求将数据保存几年或者几十年。比如,医疗信息保存通常是为了保证患者的生命安全,财务信息通常要保存 7 年。而有些使用大数据存储的用户却希望数据能够保存更长的时间,因为任何数据都是历史记录的一部分,而且数据的分析大都是基于时间段进行的。要实现长期的数据保存,就要求存储厂商开发出能够持续进行数据一致性检测的功能以及其他保证长期可用的特性,同时还要实现数据直接在原位更新的功能需求。

(七)灵活性

大数据存储系统的基础设施规模通常都很大,因此必须经过仔细设计,才能保证存储系统的灵活性,使其能够随着应用分析软件扩展。在大数据存储环境中,已经没有必要再做数据迁移了,因为数据会同时保存在多个部署站点。一个大型的数据存储基础设施一旦开始投入使用,就很难再调整了,因此它必须能够适应各种不同的应用类型和数据场景。

(八)危用感知

最早一批使用大数据的用户已经开发出了一些针对应用的定制的基础设

施,比如针对政府项目开发的系统,还有大型互联网服务商创造的专用服务器等。在主流存储系统领域,应用感知技术的使用越来越普遍,它也是改善系统效率和性能的重要手段,所以应用感知技术也应该用在大数据存储环境里。

(九)小型企业

依赖大数据的不仅仅是那些特殊的大型用户群体,作为一种商业需求,小型企业未来也一定会应用到大数据。可以看到,有些存储厂商已经在开发一些小型的大数据存储系统,主要是为了吸引那些对成本比较敏感的用户。

三、大数据存储技术面对的挑战

大数据领域对于各方厂商来说都是新的战场,其中也包含了存储厂商,EMC(易安信)买下数据存储软件公司 Greenplum 就是一例。数据存储的确是可应用大数据的主力。不过,对于数据存储厂商来说,还是有不少挑战存在,他们必须要强化关联式数据库的效能,增加数据管理和数据压缩的功能。

过往关系型数据库产品处理大量数据时的运算速度都不快,因此需要引进新技术来加速数据查询的功能。另外,数据存储厂商也开始尝试不只采用传统硬盘来存储数据,像是使用快速闪存的数据库、闪存数据库等,都逐渐产生。另一个挑战就是传统关系型数据库无法分析非结构化数据。因此,并购具有分析非结构化数据的厂商以及数据管理厂商是目前数据存储大厂扩展实力的方向。

数据管理的影响主要是对数据安全的考量。大数据对于存储技术与资源安全也都会产生冲击。快照、重复数据删除等技术在大数据时代都很重要,就衍生了数据权限的管理。例如,现在企业后端与前端所看到的数据模式并不一样,当企业要处理非结构化数据时,就必须界定出是 IT 部门还是业务单位才是数据管理者。由于这牵涉的不仅是技术问题,还涉及公司政策的制定,因此界定出数据管理者是企业目前最头痛的问题。

(一)数据存储多样化:备份与存档

管理大数据的关键是制定战略,以高自动化、高可靠、高成本效益的方式归档数据。大数据现象意味着企业、机构要应对大量数据以及各种数据格式的挑战。多样化作为有效方式而在各行各业兴起,是一种涉及各种产品来支持数据管理战略的数据存储模式。这些产品包括自动化、硬盘和重复数据删除、软件以及备份和归档。支撑这一方式的原则就是对特定类型的数据坚持使用合适的存储介质。

（二）大数据管理需要各种技术

首席信息官应关注的一个具体领域是备份和归档的方法，因为这是在业务环境中将不同类型文件区分开来得最明显的方式。当企业需要迅速、经常访问数据时，那么基于硬盘的存储就是最合适的。这种数据可定期备份，以确保其可用性。相比之下，随着数据越来越老旧，并且不常被访问，企业可通过将较旧的数据迁移到较低端的硬盘或磁带中而获得大量成本优势，从而释放昂贵的主存储。

通过将较旧的数据迁移到这些媒介类型中，企业降低了所需的硬盘数量。归档是全面、高成本效益数据存储解决方案的关键组成部分。这种多样化的模式对于那些需要高性能和最低长期存储成本的企业机构是非常有用的。根据数据使用情况而区分格式，企业可优化其操作工作流程。这样，他们可以更好地导航大数据文件，轻松传输媒体内容或操纵大型分析数据文件，因为它们存储在最适合自身格式和使用模式的介质中。

如果企业希望将其 IT 基础设施变为企业目标提供价值的事物，而不只是作为让员工和流程都放缓速度的成本中心，那么数据存储解决方案中的多样化就非常重要。一个考虑周全的技术组合，再加上备份与归档的核心方法，可节约 IT 资源，减少 IT 人员的压力，并可以随着企业需求而扩容。

四、大数据存储技术的趋势预测分析

面对不断出现的存储需求新挑战，该如何把握存储的未来发展方向？下面就存储技术的未来趋势进行分析。

（一）存储虚拟化

存储虚拟化是目前以及未来的存储技术热点，它其实并不算是全新的概念，磁盘阵列（Redundant Arrays of Independent Disks，RAID）、逻辑卷管理（Logical Volume Manager，LVM）、虚拟内存（SWAP）、虚拟机（Virtual Machine，VM）、文件系统等这些都属于其范畴。存储的虚拟化技术有很多优点，比如提高存储利用效率和性能、简化存储管理复杂性、降低运营成本、绿色节能等。

现代数据应用在存储容量、I/O 性能、可用性、可靠性、利用效率、管理、业务连续性等方面对存储系统不断提出更高的需求。基于存储虚拟化提供的解决方案可以帮助数据中心应对这些新的挑战，有效整合各种异构存储资源，消除信息孤岛，保持高效数据流动与共享，合理规划数据中心扩容，简化存储管理等。

目前，最新的存储虚拟化技术有分级存储管理（HSM）、自动精简配置（Thin

Provision)、云存储（Cloud Storage）、分布式文件系统（Distributed File System），另外还有动态内存分区、SAN与NAS存储虚拟化。

虚拟化可以柔性地解决不断出现的新存储需求问题，因此可以断言存储虚拟化仍将是未来存储的发展趋势之一，当前的虚拟化技术会得到长足发展，未来新虚拟化技术将层出不穷。

(二)固态硬盘

固态硬盘（Solid State Drive，SSD）是目前备受存储界关注的存储新技术，它被看作是一种革命性的存储技术，可能会给存储行业甚至计算机体系结构带来深刻变革。

在计算机系统内部，L1Cache、L2Cache、总线、内存、外存、网络接口等存储层次之间，目前来看内存与外存之间的存储鸿沟最大，硬盘I/O通常成为系统性能瓶颈。

SSD与传统硬盘不同，它是一种电子器件而非物理机械装置，具有体积小、能耗小、抗干扰能力强、寻址时间极小（甚至可以忽略不计）、IOPS高、I/O性能高等特点。因此，SSD可以有效缩短内存与外存之间的存储鸿沟。计算机系统中原本为解决I/O性能瓶颈的诸多组件和技术的作用将变得越来越微不足道，甚至最终将被淘汰出局。

试想，如果SSD性能达到内存甚至L1Cache/L2Cache，后者的存在还有什么意义呢？数据预读和缓存技术也将不再需要，计算机体系结构也将会随之发生重大变革。对于存储系统来说，SSD的最大突破是大幅提高了IOPS，摩尔定律的效力再次显现，通过简单地用SSD替换传统硬盘，就可能达到甚至超越综合运用缓存、预读、高并发、数据局部性、硬盘调度策略等软件技术的效用。

SSD目前对IOPS要求高的存储应用最为有效，主要是大量随机读写应用，这类应用包括互联网行业和CDN（内容分发网络）行业的海量小文件存储与访问（图片、网页）、数据分析与挖掘领域的OLTP等。SSD已经开始被广泛接受并应用，当前主要的限制因素包括价格、使用寿命、写性能抖动等。从最近两年的发展情况看，这些问题都在不断地改善和解决，SSD的发展和广泛应用将势不可挡。

(三)重复数据删除

重复数据删除（Data Deduplication，Dedupe）是一种主流且非常热门的存储技术，可对存储容量进行有效优化。它通过删除集中重复的数据，只保留其中一份，从而消除冗余数据。这种技术可以很大限度上减少对物理存储空间的需求，从而满足日益增长的数据存储需求。

Dedupe 技术可以帮助众多应用降低数据存储量,节省网络带宽,提高存储效率,减小备份窗口,节省成本。Dedupe 技术目前大量应用于数据备份与归档系统,因为对数据进行多次备份后,存在大量重复数据,非常需要这种技术。

事实上,Dedupe 技术可以用于很多场合:在线数据、近线数据、离线数据存储系统;在文件系统、卷管理器、NAS、SAN 中实施;用于数据容灾、数据传输与同步;作为一种数据压缩技术可用于数据打包。

Dedupe 技术目前主要应用于数据备份领域主要是由两方面的原因决定的:一是数据备份应用数据重复率高,非常适合 Dedupe 技术;二是 Dedupe 技术的缺陷,主要是数据安全、性能。Dedupe 使用 Hash 指纹来识别相同数据,存在产生数据碰撞并破坏数据的可能性。Dedupe 需要进行数据块切分、数据块指纹计算和数据块检索,这样会消耗可观的系统资源,对存储系统性能产生影响。

信息呈现的指数级增长方式给存储容量带来巨大的压力,而 Dedupe 是最为行之有效的解决方案,因此固然其有一定的不足,但它大行其道的趋势无法改变。更低碰撞概率的 Hash 函数、多核、GPU、SSD 等,这些技术推动 Dedupe 走向成熟,使其由作为一种产品而转向作为一种功能,逐渐应用到近线和在线存储系统。ZFS(动态文件系统)已经原生地支持 Dedupe 技术,相信将来会不断有更多的文件系统、存储系统支持这一功能。

(四)云存储

云计算无疑是现在最热门的 IT 话题,不管是商业噱头还是 IT 技术趋势,它都已经融入我们每个人的工作与生活当中。云存储亦然。云存储即 DaaS(存储即服务),专注于向用户提供以互联网为基础的在线存储服务。它的特点表现为弹性容量(理论上无限大)、按需付费、易于使用和管理。

云存储主要涉及分布式存储(分布式文件系统、IPSAN、数据同步、复制)、数据存储(重复数据删除、数据压缩、数据编码)和数据保护(RAID、CDP、快照、备份与容灾)等技术领域。

从专业机构的市场分析预测和实际的发展情况看,云存储的发展如火如荼,移动互联网的迅猛发展也起到了推波助澜的作用。目前,典型的云存储服务主要有 AmazonS3. Google Storage、Microsoft SkyDrive、EMCA tmos/Mozy、Dropbox、Syncplicity、百度网盘、新浪微盘、腾讯微云、天翼云、联想网盘、华为网盘、360 云盘等。

私有云存储服务目前发展情况不错,但是公有云存储服务发展不顺利,用户仍持怀疑和观望态度。目前,影响云存储普及应用的主要因素有性能瓶颈、安全性、标准与互操作、访问与管理、存储容量和价格。云存储终将离我们越来越近，这个趋势是毋庸置疑的，但是终究到底还有多近，则由这些问题的解决程度决定。云存储将从私有云逐渐走向公有云，满足部分用户的存储、共享、同步、访问、备份需求，但是试图解决所有的存储问题也是不现实的。尽管如此，云存储发展仍将进入一个崭新的发展阶段。

（五）SOHO存储

SOHO(Small Office and Home Office)存储是指家庭或个人存储。现代家庭中拥有多台PC、笔记本电脑、上网本、平板电脑、智能手机，这些设备将组成家庭网络。SOHO存储的数据主要来自个人文档、工作文档、软件与程序源码、电影与音乐、自拍视频与照片，部分数据需要在不同设备之间共享与同步，重要数据需要备份或者在不同设备之间复制多份，需要在多台设备之间协同搜索文件，需要多设备共享的存储空间等。随着手机、数码相机和摄像机的普及和数字化技术的发展，以多媒体存储为主的SOHO存储需求日益凸显。

第二节　主流网络存储技术分类

存储基础设施投资将提供一个平台，通过这个平台，企业能够从大数据中提取出有价值的信息。大数据中能得出的对消费者行为、社交媒体、销售数据和其他指标的分析，将直接关联到商业价值。随着大数据对企业发展带来积极的影响，越来越多的企业将利用大数据以及寻求适用于大数据的数据存储解决方案。而传统数据存储解决方案（如网络附加存储NAS或存储区域网络SAN）无法扩展或者提供处理大数据所需要的灵活性。

一、存储概念

大数据场景下，数据量呈爆发式增长，而存储能力的增长。远远赶不上数据的增长，几十或几百台大型服务器都难以满足一个企业的数据存储需求。为此，大数据的存储方案是采用成千上万台的廉价PC来存储数据以降低成本，同时提供高扩展性。

考虑到系统由大量廉价、易损的硬件组成，企业需要保证文件系统整体的可靠性。为此，大数据的存储方案通常对同一份数据在不同节点上存储三份副本，以提高系统容错性。此外，借助分布式存储架构，可以提供高吞吐量的数据访问能力。

在大数据领域中，较为出名的海量文件存储技术有Google的GFS和

Hadoop 的 HDFS(HDFS 是 GFS 的开源实现)。它们均采用分布式存储的方式存储数据,用冗余存储的模式保证数据可靠性,文件块被复制存储在不同的存储节点上,默认存储三份副本。

当处理大规模数据时,数据一开始在硬盘还是在内存导致计算的时间开销相差很大,很好地理解这一点非常重要。

硬盘组织成块结构,每个块是操作系统用于在内存和硬盘之间传输数据的最小单元。例如,Windows 操作系统使用的块大小为 64 KB[即 2^{16} (65 536)字节],需要大概 10 ms 的时间来访问(将磁头移到块所在的磁道并等待在该磁头下进行块旋转)和读取一个硬盘块,相对从内存中读取一个字的时间,硬盘的读取延迟大概要慢 5 个数量级(即存在因子为 10^5)。因此,如果只需要访问若干字节,那么将数据放在内存中将具压倒性优势。实际上,假如要对一个硬盘块中的每个字节做简单的处理,比如将块看成哈希表中的桶,要在桶的所有记录中寻找某个特定的哈希键值,那么将块从硬盘移到内存的时间会大大高于计算的时间。

可以将相关的数据组织到硬盘的单个柱面(cylinder)上,因为所有的块集合都可以在硬盘中心的固定半径内到达,因此不通过移动磁头就可以访问,这样可以以每块显著小于 10 ms 的速度将柱面上的所有块读入内存。假设不论数据采用何种硬盘组织方式,硬盘上数据到内存的传送速度都不可能超过 100 MB/s。当数据集规模仅为 1 MB 时,这不构成问题,但是当数据集在 100 GB 或者 1 TB 规模时,仅仅进行访问就存在问题,更何况还要利用它来做其他有用的事情。

数据存储和管理是一切与数据有关的信息技术的基础。数据存储的实现以二进制计算机的发明为起点,二进制计算机实现了数据在物理机器中的表达和存储。自此以后,数据在计算机中的存储和管理经历了从低级到高级的演进过程。数据存储和管理发展到数据库技术的出现已经实现了数据的快速组织、存储和读取,但是不同数据库的数据存储结构各不相同,彼此之间相互独立。于是,如何有机地聚焦、整合多个不同运营系统产生的数据便成了数据分析发展的新瓶颈。

在信息化时代,不管大小企业都非常重视企业的信息化网络。每个企业都想拥有一个安全、高效、智能化的网络来实现企业的高效办公,而在这些信息化网络中,存储又是网络的重中之重,它对企业的数据安全起着决定性作用。

如今,科技发展日新月异,存储技术不仅越来越完善,而且各式各样。常见的存储产品类型有硬盘存储、移动硬盘存储和云盘存储等。

不管何种存储技术,都是数据存储的一种方案。数据存储是数据流在加工过程中产生的临时文件或加工过程中需要查找的信息。数据以某种格式记录在计算机内部或外部存储介质上。要给数据存储命名,这种命名要反映信息特征的组成含义。数据流反映了系统中流动的数据,表现出动态数据的特征;数据存储反映了系统中静止的数据,表现出静态数据的特征。各式各样的存储技术,只是现实数据存储方式不一样,本质和目的是一样的。如今,占据主流市场的有6大存储技术:直接附加存储(DAS)、硬盘阵列(RAID)、网络附加存储(NAS)、存储区域网络(SAN)、IP存储(SoIP)、iSCSI网络存储。

二、直接附加存储(DAS)

直接附加存储(Direct Attached Storage,DAS)方式与普通的PC存储架构一样,外部存储设备都是直接挂接在服务器内部总线上,数据存储设备是整个服务器结构的一部分。

DAS存储方式主要适用以下环境:

首先,小型网络。小型网络的规模和数据存储量较小,且结构不太复杂,采用DAS存储方式对服务器的影响不会很大,且这种存储方式也十分经济,适合拥有小型网络的企业用户。

其次,地理位置分散的网络。虽然企业总体网络规模较大,但在地理分布上很分散,通过SAN或NAS在它们之间进行互联非常困难,此时各分支机构的服务器也可采用DAS存储方式,这样可以降低成本。

最后,特殊应用服务器。在一些特殊应用服务器上,如微软的集群服务器或某些数据库使用的原始分区,均要求存储设备直接连接到应用服务器。

三、磁盘阵列(RAID)

磁盘阵列(Redundant Array of Inexpensive Disks,RAID)有"价格便宜且多余的磁盘阵列"之意,其原理是利用数组方式制作硬盘组,配合数据分散排列的设计,提升数据的安全性。磁盘阵列是由很多价格便宜、容量较小、稳定性较高、速度较慢的磁盘组合成的一个大型的磁盘组,利用个别磁盘提供数据所产生的加成效果来提升整个磁盘系统的效能。同时,在储存数据时,利用这项技术将数据切割成许多区段,分别存放在各个磁盘上。

RAID技术主要包含RAID 0～RAID 7等数个规范,它们的侧重点各不相同,常见的规范有如下几种。

(一)RAID 0

RAID 0连续地以位或字节为单位分割数据,并行读/写于多个磁盘上,因此具有很高的数据传输率,但它没有数据冗余,因此并不能算是真正的RAID结构。RAID 0 只是单纯地提高性能,并没有为数据的可靠性提供保证,而且其中的一个硬盘失效将影响所有数据。因此,RAID0 不能应用于数据安全性要求高的场合。

(二)RAID 1

RAID 1 是通过磁盘数据镜像实现数据冗余,在成对的独立磁盘上产生互为备份的数据。当原始数据繁忙时,可直接从镜像拷贝中读取数据,因此 RAID 1 可以提高读取性能。RAID 1 是硬盘阵列中单位成本最高的,但提供了很高的数据安全性和可用性。当一个磁盘失效时,系统可以自动切换到镜像磁盘上读写,而不需要重组失效的数据。

(三)RAID 0+1

RAID 0+1 也被称为 RAID 10 标准,实际是将 RAID 0 和 RAID 1 标准结合的产物。它在连续地以位或字节为单位分割数据并且并行读/写多个磁盘的同时,为每一块磁盘作磁盘镜像进行冗余。它的优点是同时拥有 RAID 0 的超凡速度和 RAID 1 的数据高可靠性,但是 CPU 占用率同样更高,而且磁盘的利用率比较低。

(四)RAID 2

RAID 2 将数据条块化地分布于不同的硬盘上,条块单位为位或字节,并使用被称为"加重平均纠错码"(海明码)的编码技术来提供错误检查及恢复。这种编码技术需要多个磁盘存放检查及恢复信息,使 RAID 2 技术实施更复杂,因此在商业环境中很少使用。

(五)RAID 3

RAID 3 同 RAID 2 非常类似,都是将数据条块化分布于不同的磁盘上,区别在于 RAID3 使用简单的奇偶校验,并用单块硬盘存放奇偶校验信息。如果一块磁盘失效,奇偶盘及其他数据盘可以重新产生数据;如果奇偶盘失效,则不影响数据使用。RAID 3 对于大量的连续数据可提供很好的传输率,但对于随机数据,奇偶盘会成为写操作的瓶颈。

(六)RAID 4

RAID 4 同样也将数据条块化并分布于不同的磁盘上,但条块单位为块或记录。RAID 4 使用一块磁盘作为奇偶校验盘,每次写操作都需要访问奇偶校验盘,这时奇偶校验盘会成为写操作的瓶颈,因此 RAID 4 在商业环境中也很少使用。

(七)RAID 5

RAID 5 没有单独指定的奇偶盘,而是在所有硬盘上交叉地存取数据及奇偶校验信息。在 RAID 5 上,读/写指针可同时对阵列设备进行操作,提供了更高的数据流量。RAID 5 更适合于小数据块和随机读写的数据。

RAID 3 与 RAID 5 相比,最主要的区别在于 RAID 3 每进行一次数据传输就需涉及所有的阵列盘;而对于 RAID 5 来说,大部分数据传输只对一块磁盘操作,并可进行并行操作。在 RAID 5 中有"写损失",即每一次写操作将产生四次实际的读/写操作,其中两次读旧的数据及奇偶信息,两次写新的数据及奇偶信息。

(八)RAID 6

与 RAID 5 相比,RAID 6 增加了第二个独立的奇偶校验信息块。两个独立的奇偶系统使用不同的算法,数据的可靠性非常高,即使两块硬盘同时失效也不会影响数据的使用。但 RAID 6 需要分配给奇偶校验信息更大的硬盘空间,相对 RAID 5 有更大的"写损失",因此"写性能"非常差。较差的性能和复杂的实施方式使 RAID 6 很少得到实际应用。

(九)RAID 7

RAID 7 是一种新的 RAID 标准,其自身带有智能化操作系统和用于存储管理的软件工具,可完全独立于主机运行,不占用主机 CPU 资源。RAID 7 可以看作是一种存储计算机(storage computer),与其他 raid 标准有明显区别。

(十)RAID10:高可靠性与高效磁盘结构

这种结构无非是一个带区结构加一个镜像结构,因为两种结构各有优缺点,因此可以相互补充,达到既高效又高速的目的。大家可以结合两种结构的优点和缺点来理解这种新结构。这种新结构的价格高,可扩充性不好,主要用于数据容量不大,但要求速度和差错控制的数据库中。

(十一)RAID53:高效数据传送磁盘结构

除了以上介绍的各种标准,还可以像 RAID 0+1 那样结合多种 RAID 规范来构筑所需的 RAID 阵列。RAID 5+3(RAID 53)就是这样一种应用较为广泛的阵列形式,用户一般可以通过灵活配置硬盘阵列来获得更加符合其要求的硬盘存储系统。

四、网络附加存储(NAS)

网络附加存储(Network Attached Storage,NAS)是一种将分布、独立的数据整合为大型、集中化管理的数据中心,以便对不同主机和应用服务器进行访问的技术。根据字面意思,简单说就是连接在网络上,具备资料存储功能的装置,因此也称之为网络存储器。

NAS 以数据为中心,将存储设备与服务器彻底分离,集中管理数据,从而释放带宽,提高性能,降低总拥有成本,保护投资。其成本远远低于使用服务器存储,而效率却远远高于后者。

NAS 被定义为一种特殊的专用数据存储服务器,包括存储器件(如硬盘阵列、CD/DVD 驱动器、磁带驱动器或可移动的存储介质)和内嵌系统软件,可提供跨平台文件共享功能。NAS 通常在一个局域网(Local Area Network,LAN)上占有自己的节点,无须应对服务器的干预,允许用户在网络上存取数据。在这种配置中,NAS 集中管理和处理网络上的所有数据,将负载从应用或企业服务器上卸载下来,有效降低了总拥有成本,保护了用户投资。

NAS 的优点主要包括:第一,管理和设置较为简单;第二,设备物理位置灵活;第三,实现异构平台的客户机对数据的共享;第四,改善网络的性能。

NAS 的缺点主要包括:第一,存储性能较低,只适用于较小网络规模或者较低数据流量的网络数据存储;第二,备份带宽消耗;第三,后期扩容成本高。

五、存储区域网络(SAN)

存储区域网络(Storage Area Network,SAN)是通过专用高速网将一个或多个网络存储设备与服务器连接起来的专用存储系统,未来的信息存储将以SAN 存储方式为主。

在最基本的层次上,SAN 被定义为互连存储设备和服务器的专用光纤通道网络,它在这些设备之间提供端到端的通信,并允许多台服务器独立地访问同一个存储设备。

与局域网(LAN)非常类似,SAN 提高了计算机存储资源的可扩展性和可靠性,使实施的成本更低,管理更轻松。与存储子系统直接连接服务器(即直接附加存储 DAS)不同,SAN 专用存储网络介于服务器和存储子系统之间。

SAN 是一种高速网络或子网络,提供在计算机与存储系统之间的数据传输。存储设备是指一张或多张用以存储计算机数据的硬盘设备。一个 SAN 网络由负责网络连接的通信结构、负责组织连接的管理层、存储部件以及计算机系统构成,从而保证数据传输的安全性和力度。

典型的 SAN 是一个企业整个计算机网络资源的一部分。通常 SAN 与其他计算机网络资源通过紧密集群来实现远程备份和档案存储过程。SAN 支持硬盘镜像技术、备份与恢复、档案数据的存档和检索、存储设备间的数据迁移以及网络中不同服务器间的数据共享等功能。此外,SAN 还可以用于合并子网和网络附加存储(NAS)系统。

SAN 的优点主要包括:第一,可实现大容量存储设备数据共享;第二,可实现高速计算机与高速存储设备的高速互联;第三,可实现灵活的存储设备配置要求;第四,可实现数据快速备份;第五,可提高数据的可靠性和安全性。

SAN 的缺点主要包括:第一,SAN 方案成本高;第二,维护成本增加;第三,SAN 标准未统一。

六、IP 存储(SoIP)

IP 存储(Storage over IP,SoIP),即通过 Internet 协议(IP)或以太网的数据存储。IP 存储使性价比较好的 SAN 技术能应用到更广阔的市场中。它利用廉价、货源丰富的以太网交换机、集线器和线缆来实现低成本、低风险基于 IP 的 SAN 存储。

IP 存储解决方案应用可能会经历以下三个发展阶段。

(一)SAN 扩展器

随着 SAN 技术在全球的开发,越来越需要长距离的 SAN 连接技术。IP 存储技术定位于将多种设备紧密连接,就像一个大企业多个站点间的数据共享以及远程数据镜像。这种技术是利用光纤通道(Fibre Channel,FC)到 IP 的桥接或路由器,将两个远程的 SAN 通过 IP 架构互联。虽然 iSCSI 设备可以实现以上技术,但 FCIP(基于 IP 的光纤通道协议)和 iFCP(Internet 光纤信道协议)对于此类应用更为适合,因为它们采用的是光纤通道协议(FCP)。

(二)有限区域 IP 存储

第二个阶段的 IP 存储的开发主要集中在小型的低成本的产品,目前还没有真正意义的全球 SAN 环境,随之而来的技术是有限区域的、基于 IP 的 SAN 连接技术。以后可能会出现类似于可安装到 NAS 设备中的 iSCSI 卡,因为这种技术和需求可使 TOE[即传输控制协议(Transmission Control Protocol,TCP)卸载引擎]设备弥补 NAS 技术的解决方案。在这种配置中,一个单一的多功能设备可提供对块级或文件级数据的访问,这种结合了块级和文件级的 NAS 设备可使以前的直接连接的存储环境轻松地传输到网络存储环境。

第二个阶段也会引入一些工作组级的、基于 IP 的 SAN 小型商业系统的解决方案,使那些小型企业也可以享受到网络存储的益处,但使用这些新的网络存储技术也可能会遇到一些难以想象的棘手难题。iSCSI 协议是最适合这种环境应用的,但基于 iSCSI 的 SAN 技术是不会取代 FCSAN 的,同时它可以使用户既享受网络存储带来的益处,也不会开销太大。

(三)IPSAN

完全的端到端的、基于 IP 的全球 SAN 存储将会随之出现,而 iSCSI 协议则是最为适合的。基于 iSCSI 的 IPSAN 将由 iSCSI HBA 构成,它可释放出大量的 TCP 负载,保证本地 iSCSI 存储设备可在 IP 架构上自由通信。一旦这些实现,一些 IP 的先进功能,如带宽集合、质量服务保证等都可能应用到 SAN 环境中。将 IP 作为底层进行 SAN 的传输,可实现地区分布式的配置。例如,SAN 可轻松地进行互联,实现灾难恢复、资源共享以及建立远程 SAN 环境访问稳固的共享数据。尽管 IP 存储技术的标准早已建立且应用,但将其真正广泛应用到存储环境中还需要解决几个关键技术点,如 TCP 负载空闲、性能、安全性、互联性等。

七、iSCSI 网络存储

iSCSI(Internet SCSI)是 2003 年互联网工程任务组(Internet Engineering Task Force,IETF)制定的一项标准,用于将小型计算机系统接口(Small Computer System Interface,SCSI)数据块映射成以太网数据包。从根本上讲,iSCSI 协议是一种利用 IP 网络来传输潜伏时间短的 SCSI 数据块的方法,它使用以太网协议传送 SCSI 命令、响应和数据。

iSCSI 可以用人们已经熟悉和每天都在使用的以太网来构建 IP 存储局域网。通过这种方法,iSCSI 克服了直接连接存储的局限性,可以实现跨越不同服务器共享存储资源,并可以在不停机状态下扩充存储容量。iSCSI 是一种基于 TCP/IP 的协议,用来建立和管理 IP 存储设备、主机和客户机等之间的相互连接,并创建存储区域网络(SAN)。SAN 使 SCSI 协议应用于高速数据传输网络成为可能,这种传输以数据块级别在多个数据存储网络间进行。iSCSI 结构基于客户/服务器模式,其通常应用环境是,设备互相靠近,并且这些设备由 SCSI 总线连接。iSCSI 的主要功能是在 TCP/IP 网络上的主机系统和存储设备之间进行大量数据的封装和可靠传输过程。

如今人们所涉及的 SAN,其实现数据通信的要求是:数据存储系统的合并,数据备份,服务器群集,复制,紧急情况下的数据恢复。另外,SAN 可能分布在不同地理位置的多个 LAN 和 WAN 中。因此,必须确保所有 SAN 操作安全进行并符合服务质量(QoS)要求,而 iSCSI 则被设计用来在 TCP/IP 网络上实现以上要求。

iSCI 的工作过程:iSCI 的主机应用程序发出数据读写请求后,操作系统会生成一个相应的 SCSI 命令,该 SCSI 命令在 iSCI initiator 层被封装成 iSCI 消息包并通过 TCP/IP 传送到设备侧,设备侧的 iSCSI target 层会解开 iSCSI 消息包,得到 SCSI 命令的内容,然后传送给 SCSI 设备执行;设备执行 SCSI 命令后的响应,在经过设备 iSCSI target 层时被封装成 iSCSI 响应 PDU,通过 TCP/IP 网络传送给主机的 iSCSI initiator 层,iSCSI initiator 会从 iSCSI 响应 PDU 解析出 SCSI 响应并传送给操作系统,操作系统再响应给应用程序。

近年来,iSCSI 存储技术得到了快速发展。iSCSI 的最大好处是能提供快速的网络环境,虽然目前其性能与光纤网络还有一些差距,但能给企业节省约 30%～40%的成本。iSCSI 技术的优点和成本优势主要体现在以下几个方面。

第一,硬件成本低。构建 iSCSI 存储网络,除了存储设备,交换机、线缆、接口卡都是标准的以太网配件,价格相对来说比较低。同时,iSCSI 还可以在现有的网络上直接安装,并不需要更改企业的网络体系,这样可以最大限度地节约投入。

第二,操作简单,维护方便。对 iSCSI 存储网络的管理,实际上就是对以太网设备的管理,只需花费少量的资金去培训 iSCSI 存储网络管理员即可。当 iSCSI 存储网络出现故障时,问题定位及解决也会因为以太网的普及而变得容易。

第三,扩充性强。对于已经构建的 iSCSI 存储网络来说,增加 iSCSI 存储设备和服务器都将变得简单,且无须改变网络的体系结构。

第四,带宽和性能。iSCSI 存储网络的访问带宽依赖于以太网带宽。随着千兆以太网的普及和万兆以太网的应用,iSCSI 存储网络会达到甚至超过光纤通道(FC)存储网络的带宽和性能。

第五,突破距离限制。iSCSI 存储网络使用的是以太网,因而在服务器和存储设备空间布局上的限制就少了很多,甚至可以跨越地区和国家。

第三节　云存储技术

云存储是在云计算概念上延伸和发展出来的一个新概念,是指通过集群应用、网格技术或分布式文件系统等功能,将网络中大量各种不同类型的存储设备通过应用软件集合起来协同工作,共同对外提供数据存储和业务访问功能的一个系统。

一、云存储技术概念

当云计算系统运算和处理的核心是大量数据的存储和管理时,云计算系统中就需要配置大量的存储设备,那么云计算系统就转变成为一个云存储系统,所以云存储是一个以数据存储和管理为核心的云计算系统。简单来说,云存储就是将储存资源放到网络上供人存取的一种新型方案。使用者可以在任何时间、任何地点,通过任何可联网的装置方便地存取数据。

(一)影响云存储的因素

在方便使用的同时,人们还要重视存储的安全性、兼容性,以及它在扩展性与性能聚合等方面的诸多因素。

1. 安全性

存储最重要的就是安全性,尤其是在云时代,数据中心存储着众多用户的数据,如果存储系统出现问题,其所带来的影响会远超过分散存储的时代,因此存储系统的安全性就显得愈发重要。

2. 兼容性

云数据中心所使用的存储必须具有良好的兼容性。在云时代,计算资源都被收归到数据中心之中,再连同配套的存储空间一起分发给用户,因此站在用户的角度是不需要关心兼容性的问题的,但是站在数据中心的角度,兼容性却是一个非常重要的问题。众多的用户带来了各种各样的需求,存储需要面对各种不同的操作系统,如 Windows、Linux、UNIX、Mac OS,如果给每种操作系统都配备专门的存储,无疑与云计算的精神背道而驰。因此,在云计算环境中,先要解决的就是兼容性问题。

3. 扩展能力

由于要面对数量众多的用户,存储系统需要存储的文件将呈指数级增长态势,这就要求存储系统的容量扩展能够跟得上数据量的增长,做到无限扩容,同时在扩展过程中最好还要做到简便易行,不能影响数据中心的整体运行。如果容量的扩展需要复杂的操作,甚至停机,这无疑会极大地降低数据中心的运营效率。

4. 性能的提升

云时代的存储系统需要的不仅仅是容量的提升,对于性能的要求同样迫切。与以往只面向有限的用户不同,在云时代,存储系统将面向更为广阔的用户群体。用户数量级的增加使存储系统也必须在吞吐性能上有飞速的提升,只有这样才能对请求作出快速的反应。这就要求存储系统能够随着容量的增加而拥有线性增长的吞吐性能,这显然是传统的存储架构无法达成的目标。传统的存储系统由于没有采用分布式的文件系统,无法将所有访问压力平均分配到多个存储节点,因而在存储系统与计算系统之间存在着明显的传输瓶颈,由此会带来单点故障等多种后续问题,而集群存储正可以解决这一问题,满足新时代的要求。

(二)云存储的优点

作为最新的存储技术,与传统存储相比,云存储具有以下优点。

1.管理方便

这一项也可以归纳为成本上的优势。因为将大部分数据迁移到云存储上以后,所有的升级维护任务都是由云存储服务提供商来完成,降低了企业花在存储系统管理员上的成本压力。此外云存储服务具有强大的可扩展性,若企业用户发展壮大后,突然发现自己先前的存储空间不足,就必须要考虑增加存储服务器来满足现有的存储需求,而云存储服务则可以很方便地在原有基础上扩展服务空间,满足需求。

2.成本低

就目前来说,企业在数据存储上所付出的成本是相当大的,而且这个成本还在随着数据的暴增而不断增加。为了减小这一成本压力,许多企业将大部分数据转移到云存储上,让云存储服务提供商来为他们解决数据存储的问题,这样就能花很少的成本获得最优的数据存储服务。

现代企业管理,很强调设备的整体拥有成本 TCO,而不像过去只强调采购成本。而云存储技术管理的成本,可分为两种:一种是系统管理人力及能源需求的降低;另一种是为减少因系统停机造成的业务中断,所增加的管理成本。

Google 的服务器超过 200 万台,其中 1/4 用来作为存储,这么多的存储设备,如果采用传统的盘阵,管理是个大问题,若这些盘阵还是来自不同的厂商,那管理难度就更无法想象了。为了解决这个问题,Google 才发展了"云存储"这个概念。

云存储技术针对数据重要性采取不同的拷贝策略,并且拷贝的文件存放在不同的服务器上,因此遭遇硬件损坏时,不管是硬盘或是服务器坏掉,服务始终不会终止,而且因为采用索引的架构,系统会自动将读写指令导引到其他存储节点,读写效能完全不受影响,管理人员只要更换硬件即可,数据也不会丢失。换上新的硬盘或是服务器后,系统会自动将文件拷贝回来,永远保持多份文件,以避免数据的丢失。

扩容时，只要安装好存储节点，接上网络，新增加的容量便会自动合并到存储系统中，并且数据会自动迁移到新存储的节点，不需要做多余的设定，这大大地降低了维护人员的工作量。在管理界面中可以看到每个存储节点及硬盘的使用状况，管理非常容易，不管使用哪家公司的服务器，都是同一个管理界面，一个管理人员可以轻松地管理几百台存储节点。

3.量身定制

量身定制主要针对私有云。云服务提供商专门为单一的企业客户提供一个量身定制的云存储服务方案，或者可以是企业自己的 IT 机构来部署一套私有云服务架构。私有云不但能为企业用户提供最优质的贴身服务，而且还能在一定程度上降低安全风险。

传统的存储模式已经无法适应当代数据暴增的现实问题，如何让新兴的云存储发挥它应有的功能，在解决安全、兼容等问题上，还需要不断努力。就目前而言，云计算时代已经到来，作为其核心的云存储将成为未来存储技术的必然趋势。

二、云存储技术与传统存储技术的比较分析

传统的存储技术是把所有数据都当作对企业同等重要和同等有用的东西来进行处理，所有的数据都集成到单一的存储体系之中，以满足业务持续性需求，但是在面临大数据难题时会显得捉襟见肘。

(一)成本激增

在大型项目中，前端图像信息采集点过多，单台服务器承载量有限，会造成需要配置几十台，甚至上百台服务器的状况。这就必然导致建设成本、管理成本、维护成本、能耗成本的急剧增加。

(二)磁盘碎片问题

由于视频监控系统往往采用写入方式，这种无序的频繁读写操作，导致了磁盘碎片的大量产生。随着使用时间的增加，将严重影响整体存储系统的读写性能，甚至导致存储系统被锁定为只读，而无法写入新的视频数据。

(三)性能问题

由于数据量的激增，数据的索引效率也变得越来越受人们关注，而动辄太字节级的数据，甚至是几百太字节的数据，在索引时往往需要花上几分钟的时间。

云存储提供的诸多功能和性能旨在满足和解决伴随海量非活动数据的增长而带来的存储难题。如：随着容量增长，线性地扩展性能和存取速度；将数据存储按需迁移到分布式的物理站点；确保数据存储的高度适配性和自我修复能力，可以保存多年之久。

改变了存储购买模式，只收取实际使用的存储费用，而非按照所有的存储系统（即包含未使用的存储容量）来收取费用。结束颠覆式的技术升级和数据迁移工作。

三、云存储技术的分类

（一）云存储分类

1. 公共云存储

公共云存储像亚马逊公司的 Simple Storage Service（S3）、Nutanix 公司提供的存储服务一样，可以低成本提供大量的文件存储。供应商可以保持每个客户的存储、应用都是独立的、私有的。其中，以 Dropbox 为代表的个人云存储服务是公共云存储发展较为突出的代表，国内比较突出的公共云存储有百度网盘、新浪微盘、360云盘、腾讯微云、华为网盘等。

公共云存储可以划出一部分用作私有云存储。一个公司可以拥有或控制基础架构以及应用的部署，私有云存储可以部署在企业数据中心或相同地点的设施上。私有云可以由公司自己的 IT 部门管理，也可以由服务供应商管理。

2. 内部云存储

这种云存储和私有云存储比较类似，唯一的不同点是它仍然位于企业防火墙内部。

3. 混合云存储

这种云存储把公共云和私有云/内部云结合在一起，主要用于按客户要求的访问，特别是需要临时配置容量的时候。从公共云上划出一部分容量配置一种私有或内部云，对公司面对迅速增长的负载波动或高峰时很有帮助。尽管如此，混合云存储带来了跨公共云和私有云分配应用的复杂性。

（二）云端分类

上述三种类型的云端，如果是供企业内部使用，即为私有云端（Private Cloud）；如果是运营商专门搭建以供外部用户使用，并借此营利的称为公共云端（Public Cloud）。具体说明如下。

1. 公共云端

一般云运算是对公共云端而言的,又称为外部云端(External Cloud)。其服务供应商能提供极精细的 IT 服务资源动态配置,并透过 Web 应用或 Web 服务提供网络自助式服务。对于使用者而言,无须知道服务器的确切位置,或什么等级服务器,所有 IT 资源皆由远程方案商提供。该方案商必须具备资源监控与评量等机制,才能采取如同公用运算般的精细付费机制。

对于中小型企业而言,公共云端提供了最佳 IT 运算与成本效益的解决方案,但对有能力自建数据中心的大型企业来说,对公共云端难免仍有安全与信任上的顾虑。但无论如何,公共云端改变了市场的产品内容与形态,提供装置设定,以及永续 IT 资源管理的代管服务,对于主机代管等海外市场会产生影响。

2. 私有云端

私有云端又称为内部云端(Internal Cloud),相对于公共云端,此概念较新。许多企业由于对公共云端供应商的 IT 管理方式、机密数据安全性与赔偿机制等存在信任上的疑虑,所以纷纷开始尝试透过虚拟化或自动化机制,来仿真搭建内部网络中的云运算。

内部云端的搭建,不但要提供更高的安全掌控性,同时内部 IT 资源不论在管理、调度、扩展、分派、访问控制与成本支出上都应更具精细度、弹性与效益。其搭建难度不小,当前已有 HP BladeSystem Matrix,NetApp Dynamic Data Center 等整合型基础架构方案。以 HP BladeSystem Matrix 为例,其组成硬件包括 BladeSystem c7000 机箱、搭配 ProLiant BL460c G6 刀锋型服务器、StorageWorks 4400 Enterprise Virtual Array 以及管理软件工具 HP Insight Dynamics – VSE,即试图借此方案得以降低搭建技术的门槛,在可见的未来取代数据中心,成为数据中心未来蜕变转型的终极样貌。

3. 混合云端(Hybrid Cloud)

混合云端(Hybrid Cloud)是指企业同时拥有公共与私有两种形态的云端。当然在搭建步骤上会先从私有云端开始,待一切运作稳定后再对外开放,企业不但可提升内部 IT 的使用效率,也可通过对外的公共云端服务获利。

原本只能让企业花大钱的 IT 资源,也能转而成为盈利的工具。企业可将这些收入的一部分继续投资在 IT 资源的添购及改善上,这样不但内部员工受益,同时可提供更完善的云端服务。因此,混合云端或许会成为今后企业 IT 云搭建的主流模式。此形态的最佳代表,莫过于提供简易储存服务(Simple Storage Service,S3)和弹性运算云端(Elastic Compute Cloud,EC2)服务的亚马逊。

四、云存储的技术基础

(一)宽带网络的发展

真正的云存储系统将会是一个多区域分布、遍布全国甚至遍布全球的庞大公用系统,使用者需要通过 ADSL、DDN 等宽带接入设备来连接云存储。只有宽带网络得到充足的发展,使用者才有可能获得足够大的数据传输带宽,实现大容量数据的传输,真正享受到云存储服务,否则只能是空谈。

(二)Web3.0 技术

Web3.0 技术的核心是分享。只有通过 Web3.0 技术,云存储的使用者才有可能通过 PC、手机、移动多媒体等多种设备,实现数据、文档、图片和视音频等内容的集中存储和资料共享。

(三)应用存储的发展

云存储不仅仅是存储,更多的是应用。应用存储是一种在存储设备中集成了应用软件功能的存储设备,它不仅具有数据存储功能,还具有应用软件功能,可以看作是服务器和存储设备的集合体。应用存储技术的发展可以大量减少云存储中服务器的数量,从而降低系统建设成本,减少系统中由服务器造成的单点故障和性能瓶颈,减少数据传输环节,提高系统性能和效率,保证整个系统的高效稳定运行。

(四)集群技术、网格技术和分布式文件系统

云存储系统是一个多存储设备、多应用、多服务协同工作的集合体,任何一个单点的存储系统都不是云存储。

既然是由多个存储设备构成的,就需要通过集群技术、分布式文件系统和网格计算等技术,实现多个存储设备之间的协同工作,多个存储设备可以对外提供同一种服务,提供更大、更强、更好的数据访问性能。如果没有这些技术,云存储就不可能真正实现,而所谓的云存储只能是一个一个的独立系统,不能形成云状结构。

(五)CDN 内容分发、数据加密技术、备份和容灾技术

CDN 内容分发系统、数据加密技术保证云存储中的数据不会被未授权的用户所访问,同时通过各种数据备份和容灾技术保证云存储中的数据不会丢失,保

证云存储自身的安全和稳定。如果云存储中的数据安全得不到保证,想必也没有人敢用云存储,否则保存的数据不是很快丢失了,就是所有人都知道了。

(六)存储虚拟化技术和存储网络化管理技术

云存储中的存储设备数量庞大且分布多在不同地域,如何实现不同厂商、不同型号甚至不同类型(如 FC 存储和 IP 存储)的多台设备之间的逻辑卷管理、存储虚拟化管理和多链路冗余管理将会是一个巨大的难题。这个问题得不到解决,存储设备就会是整个云存储系统的性能瓶颈,结构上也就无法形成一个整体,而且会带来后期容量和性能扩展难等问题。

云存储中的存储设备数量庞大、分布地域广造成的另一个问题就是存储设备运营管理问题。虽然这些问题对云存储的使用者来讲根本不需要关心,但对于云存储的运营单位来讲,必须要通过切实可行和有效的手段来解决集中管理难、状态监控难、故障维护难、人力成本高等问题。因此,云存储必须要具有一个高效的、类似于网络管理软件的集中管理平台,来实现云存储系统中存储设备、服务器和网络设备的集中管理和状态监控。

五、云存储技术的结构模型

云存储系统的结构模型由 4 层组成,分别是存储层、基础管理层、应用接口层和访问层。

(一)存储层

存储层是云存储最基础的部分。存储设备可以是 FC(光纤通道)存储设备,也可以是 NAS 和 iSCSI 等 IP 存储设备,还可以是 SCSI 或 SAS 等 DAS 存储设备。云存储中的存储设备往往数量庞大且分布在多个不同地域,彼此之间通过广域网、互联网或者 FC 网络连接在一起。

存储设备之上是统一存储设备管理系统,可以实现存储设备的逻辑虚拟化管理、多链路冗余管理,以及硬件设备的状态监控和故障维护。

(二)基础管理层

基础管理层是云存储最核心的部分,也是云存储中最难以实现的部分。基础管理层通过集群、分布式文件系统和网格计算等技术,实现云存储中多个存储设备之间的协同工作,使多个存储设备可以对外提供同一种服务,并提供更大、更强、更好的数据访问性能。

(三)应用接口层

应用接口层是云存储最灵活多变的部分。不同的云存储运营单位可以根据实际业务类型,开发不同的应用服务接口,提供不同的应用服务,如视频监控应用平台、IPTV 和视频点播应用平台、网络硬盘应用平台、远程数据备份应用平台等。

(四)访问层

任何一个授权用户都可以通过标准的公用应用接口来登录云存储系统,享受云存储服务。云存储运营单位不同,云存储提供的访问类型和访问手段也不同。

六、云存储技术的方便快捷性

云存储是以数据存储为核心的云服务,在使用过程中,用户不需要了解存储设备的类型和数据的存储路径,也不用对设备进行管理、维护,更不需要考虑数据备份、容灾等问题,只需通过应用软件,便可以轻松享受云存储带来的方便与快捷。

(一)云状的网络结构

在常见的局域网系统中,为了能更好地使用局域网,一般来讲,使用者需要非常清楚地知道:网络中每一个软硬件的型号和配置,如采用什么型号的交换机,有多少个端口,采用了什么路由器和防火墙,分别是如何设置的;系统中有多少个服务器,分别安装了什么操作系统和软件;各设备之间采用什么类型的连接线缆,分配了什么 IP 地址和子网掩码等。

但当使用广域网和互联网时,只需要知道是什么样的接入网和用户名、密码就可以连接到广域网和互联网,并不需要知道广域网和互联网中到底有多少台交换机、路由器、防火墙和服务器,不需要知道数据是通过什么样的路由到达我们的电脑,也不需要知道网络中的服务器分别安装了什么软件,更不需要知道网络中各设备之间采用了什么样的连接线缆和端口。

广域网和互联网对于具体的使用者是完全透明的,经常用一个云状的图形来表示广域网和互联网,如图 1-3-1 所示。

虽然这个云图中包含了许许多多的交换机、路由器、防火墙和服务器,但对具体的广域网、互联网用户来讲,这些都是不需要知道的。这个云状图形代表的是广域网和互联网带给大家的互联互通的网络服务。无论我们身处何地,都可以通过一个网络接入线缆和一个用户名、密码来接入广域网和互联网,享受网络带给我们的服务。

参考云状的网络结构,创建一个新型的云状结构的存储系统,这个存储系统由多个存储设备组成,通过集群功能、分布式文件系统或类似网格计算等功能联合起来协同工作,并通过一定的应用软件或应用接口,为用户提供一定类型的存储服务和访问服务。

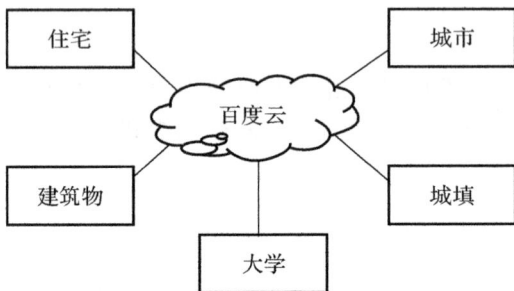

图 1-3-1 广域网和互联网表示

(二)云存储是一种服务

当我们使用某一个独立的存储设备时,必须非常清楚这个存储设备是什么型号、什么接口和传输协议,必须清楚地知道存储系统中有多少块硬盘,分别是什么型号、多大容量,必须清楚存储设备和服务器之间采用什么样的连接线缆。为了保证数据安全和业务的连续性,还需要建立相应的数据备份系统和容灾系统。除此之外,定期对存储设备进行状态监控、维护、软硬件更新和升级也是必需的。

如果采用云存储,那么上面所提到的一切对使用者来讲都不需要了。云状存储系统中的所有设备对使用者来讲都是完全透明的,任何地方的任何一个经过授权的使用者都可以通过一根接入线缆与云存储连接,对云存储进行数据访问。

如同云状的广域网和互联网一样,云存储对使用者来讲,不是指某一个具体的设备,而是指由许许多多的存储设备和服务器所构成的集合体。使用者使用云存储,并不是使用某一个存储设备,而是使用整个云存储系统带来的一种数据访问服务。所以严格来讲,云存储不是存储,而是一种服务。

云存储的核心是应用软件与存储设备相结合,通过应用软件来实现存储设备向存储服务的转变。

(三)弹性云存储系统架构

图1-3-2所示是一个弹性云存储系统架构。在这个弹性云存储系统架构中,万千个性化需求都能从中一一得到满足。从客户端来看,创新的云存储系统架构可以提供更灵活的服务接入方式:个人用户通过客户端软件,企业用户通过客户端系统,以D2D2C(硬盘-硬盘-云)的模式,方便地连接云存储数据中心的服务端模块,将数据备份到互联网数据中心(Internet Data Center,IDC)的数据节点中。对于那些建设私有云的大型企业来说,系统可以支持私有云的接入,实现企业私有云和公有云之间的数据交换,以提高数据安全和系统扩展能力。从数据中心来看,创新的云存储系统架构用大型分布式文件系统进行文件管理,并实现跨数据中心的容灾。

创新的弹性云存储系统架构,首先,满足了云存储时代容量动态增长的特点,能够轻松满足所有类型的客户需求;其次,这个架构具有高性能和高可用性,这是云存储服务的根本;最后,易于集成、灵活的客户接入方式,使这个架构更易于普及和推广。

无论是企业客户、中小企业和个人用户的数据保护、文件共享需求,还是Web3.0企业的海量存储需求、视频监控需求等,都能够通过这个架构得到满足。

七、云存储的用途与发展趋势

云存储通常意味着把主数据或备份数据放到企业外部不确定的存储池里,而不是放到本地数据中心或专用远程站点。有专家学者认为,如果使用云存储服务,企业机构就能节省投资费用,简化复杂的设置和管理任务,把数据放在云中还便于从更多的地方访问数据。数据备份、归档和灾难恢复是云存储可能的三个用途。

云的出现主要用于任何种类的静态类型数据的各种大规模存储需求。即使用户不想在云中存储数据库,但是可能想在云中存储数据库的一个历史副本,而不是将其存储在昂贵的SAN或NAS技术中。

一方面,一个好的概测法是将云看作只能用于延迟性应用的云存储。备份、归档和批量文件数据可以在云中很好地处理,因为可以允许几秒的延迟响应时间。另一方面,由于延迟的存在,数据库和性能敏感的任何其他数据不适用于云存储。

但是,在将数据迁移至云中之前,无论是公共云还是私有云,用户都需要解决一个更加根本的问题。只有真正进入云存储,才能明白存储空间的增长在哪里失去控制,或者为什么会失去控制以及在整个端到端的业务流程中存储一组特殊的数据的时候,价值点是什么。仅仅将技术迁移到云中并不是最佳的解决方案。

云存储服务中心

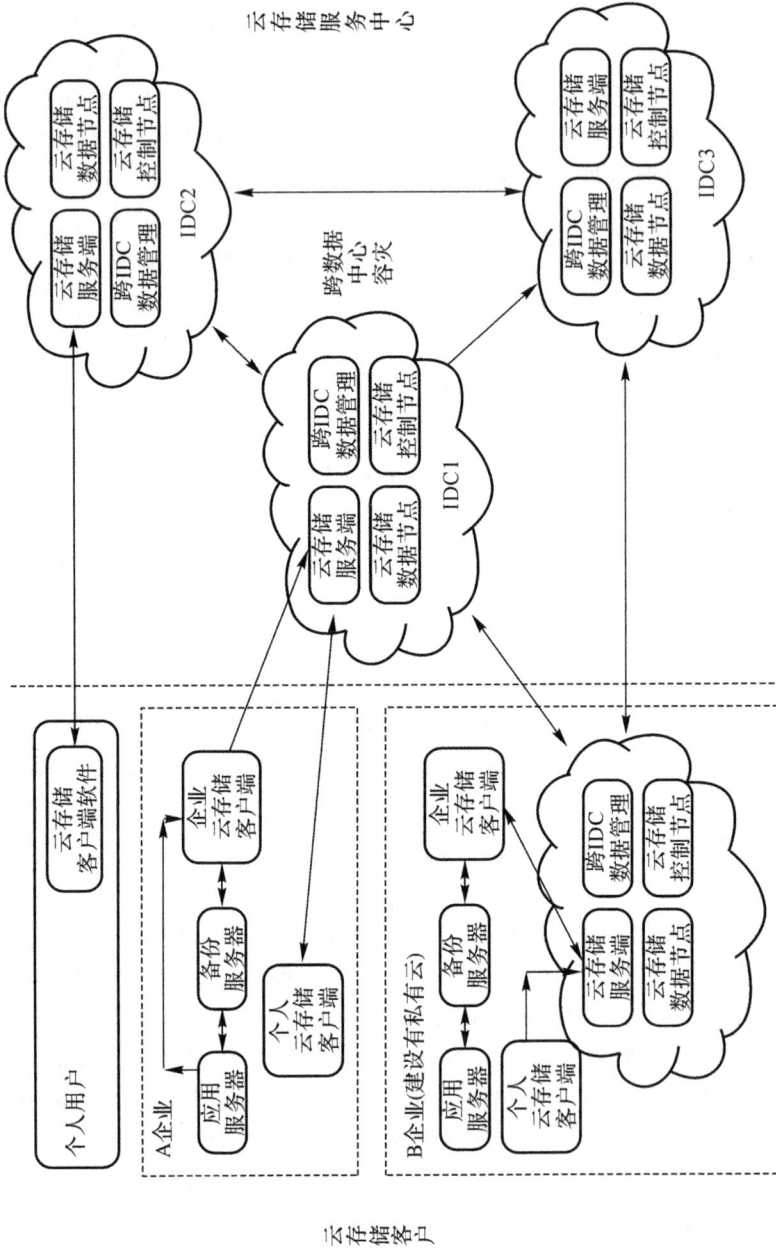

图1-3-2 一个弹性云存储系统架构

　　减少工作和费用是预计云服务在接下来几年会持续增长的一个主要原因。研究公司 IDC 声称,2016 年全球 IT 开支当中有 4％用于云服务;到 2017 年,这个比例达到 9％。由于成本和空间方面的压力,数据存储非常适合使用云解决方案。IDC 预测,在这同一期间,云存储在云服务开支中的比重会从 8％增加到 13％。

　　云存储已经成为未来存储发展的一种趋势,但随着云存储技术的发展,各类搜索、应用技术和云存储相结合的应用,还需从安全性、便携性、性能和可用性及数据访问等角度进行改进。

　　首先,安全性。从云计算诞生开始,安全性一直是企业实施云计算首要考虑的问题之一。同样,在云存储方面,安全性仍是首要考虑的问题。对于想要进行云存储的用户来说,安全性通常是首要的商业考虑和技术考虑,但是许多用户对云存储的安全要求甚至高于它们自己的架构所能提供的安全水平。即便如此,面对如此高的不现实的安全要求,许多大型、可信赖的云存储厂商也在努力满足,构建更安全的数据中心。用户可以发现,云存储具有更少的安全漏洞和更高的安全环节,云存储所能提供的安全水平比用户自己的数据中心所能提供的安全水平还要高。

　　其次,便携性。一些用户在托管存储的时候还要考虑数据的便携性。一般情况下这是有保证的,一些大型服务提供商所提供的解决方案承诺其数据便携性可媲美最好的传统本地存储。有的云存储结合强大的便携功能,可以将整个数据集传送到用户所选择的任何媒介,甚至是专门的存储设备。

　　再次,性能和可用性。过去的一些托管存储和远程存储总是存在着延迟时间过长的问题。同样,互联网本身的特性就严重威胁服务的可用性。最新一代云存储有突破性的成就,体现在客户端或本地设备高速缓存上,将经常使用的数据保存在本地,从而有效地缓解互联网延迟问题。通过本地高速缓存,即使面临最严重的网络中断,这些设备也可以缓解延迟性问题。这些设备还可以让经常使用的数据像本地存储那样快速反应。通过一个本地 NAS 网关,云存储甚至可以模仿终端 NAS 设备的可用性、性能和可视性,同时将数据予以远程保护。随着云存储技术的不断发展,各厂商仍将继续努力实现容量优化和 WAN(广域网)优化,从而尽量减少数据传输的延迟性。

　　最后,数据访问。现有对云存储技术的疑虑还在于,如果执行大规模数据请求或数据恢复操作,那么云存储是否可提供足够的访问性。在未来的技术条件下,这点大可不必担心,现有的厂商可以将大量数据传输到任何类型的媒介,可将数据直接传送给企业,且其速度之快相当于复制、粘贴操作。另外,云存储厂商还可以提供一套组件,在完全本地化的系统上模仿云地址,让本地 NAS 网关设备继续正常运行而无须重新设置。在未来,如果大型厂商构建了更多的地区性设施,那么数据传输将更加迅捷。如此一来,即便是客户本地数据发生了灾难性的损失,云存储厂商也可以将数据重新快速传输给客户数据中心。

　　云存储与云运算一样,必须经由网络来提供随机分派的储存资源。重要的是,该网络必须具备良好的 QoS 机制才行。对于用户来说,具备弹性扩展与随使用需求弹性配置的云存储,可节省大笔的储存设备采购及管理成本,甚至因储存设备损坏所造成的数据遗失风险也可因此避免。总之,不论是端点使用者将数据备份到云端,或企业基于法规遵循,或其他目的的数据归档与保存,云存储皆可满足。

第二章 大数据挖掘技术

第一节 数据分析

早在 20 世纪初,数据分析的数学基础就已确立,但直到计算机的出现才使实际操作成为可能,并使数据分析得以推广。数据分析是数学与计算机科学相结合的产物。数据分析是指用适当的统计分析方法对收集来的大量数据进行分析,提取有用信息和形成结论而对数据加以详细研究和概括总结的过程。这一过程也是质量管理体系的支持过程。在实用中,数据分析可帮助人们做出判断,以便采取适当行动。数据挖掘是从数据库的大量数据中揭示出隐含的、先前未知的并有潜在价值的信息的过程。数据挖掘是一种决策支持过程,它主要基于人工智能、机器学习、模式识别、统计学、数据库、可视化技术,高度自动化地分析企业的数据,做出归纳性的推理,从中挖掘出潜在的模式,帮助决策者调整市场策略,减少风险,做出正确决策。

在大数据中,数据分析是不可缺少的环节,通过分析数据得到结论,从而开展后续工作。

一、数据分析概念

数据分析是指用适当的统计方法对收集来的大量第一手资料和第二手资料进行分析,以求最大化地开发数据资料的功能,发挥数据的作用。它是为了提取有用信息和形成结论而对数据加以详细研究和概括总结的过程。

数据也称观测值,是实验、测量、观察、调查等的结果,常以数量的形式给出。数据分析的目的是把隐藏在一大批看似杂乱无章的数据背后的信息集中和提炼出来,总结出所研究对象的内在规律。在实际工作中,数据分析能够帮助管理者进行判断和决策,以便采取适当策略与行动。例如,企业的高层希望通过市场分析和研究,把握当前产品的市场动向,从而制定合理的产品研发和销售计划,这就必须依赖数据分析。

在统计学领域,有些人将数据分析划分为描述性数据分析、探索性数据分析和验证性数据分析。其中,探索性数据分析侧重于在数据之中发现新的特征,而验证性数据分析则侧重于已有假设的证实或证伪。

描述性数据分析属于初级数据分析,常见的分析方法有对比分析法、平均分析法、交叉分析法等。而探索性数据分析和验证性数据分析属于高级数据分析,常见的分析方法有相关分析、因子分析、回归分析等。我们日常学习和工作中涉及的数据分析主要是描述性数据分析,也就是大家常用的初级数据分析。

二、数据分析过程

数据分析过程的主要活动由识别信息需求、收集数据、分析数据、评价并改进数据分析的有效性组成。

(一)识别信息需求

识别信息需求是确保数据分析过程有效性的首要条件,可以为收集数据、分析数据提供清晰的目标。识别信息需求是管理者的职责,管理者应根据决策和过程控制的需求,提出对信息的需求。就过程控制而言,管理者应识别用于支持过程输入、过程输出,资源配置的合理性,过程活动的优化过程异常的发现所需的信息。

(二)收集数据

有目的地收集数据是确保数据分析过程有效的基础。组织需要对收集数据的内容、渠道、方法进行策划,策划时应考虑如下内容:

第一,将识别的需求转化为具体的要求,如评价供方时,需要收集的数据可能包括其过程能力、测量系统不确定度等相关数据。

第二,明确由谁在何时何处,通过何种渠道和方法收集数据。

第三,记录表应便于使用。

第四,采取有效措施,防止数据丢失和虚假数据对系统的干扰。

(三)分析数据

分析数据是将收集的数据通过加工、整理和分析,使其转化为信息。常用的工具主要分为老七种工具和新七种工具。其中,老七种工具指的是排列图、因果图、分层法、调查表、散步图、直方图和控制图;新七种工具指的是关联图、系统图、矩阵图、KJ 法〔KJ 法又称 A 型图解法、亲和图法(Affinity Diagram),创始人是日本东京工人教授、人文学家川喜田二郎,KJ 是他的姓名的英文缩写〕、计划评审技术、过程决策程序图(Process Decision Program Chart,PDPC)法和矩阵数据图。

(四)过程改进

数据分析是质量管理体系的基础。组织的管理者应在适当时候通过对以下问题的分析,评估其有效性。

第一,提供决策的信息是否充分、可信,是否存在因信息不足、失准、滞后而导致决策失误的问题。

第二,信息对持续改进质量管理体系、过程、产品所发挥的作用是否与期望值一致,是否在产品实现过程中有效运用数据分析。

第三,收集数据的目的是否明确,收集的数据是否真实和充分,信息渠道是否畅通。

第四,数据分析方法是否合理,是否将风险控制在可接受的范围。

第五,数据分析所需资源是否得到保障。

目前,电子商务领域应用最广泛的数据分析技术是商务智能。商务智能(BI)通常被理解为将企业中现有的数据转化为知识,帮助企业作出明智的业务经营决策的工具。这里所说的数据包括来自企业业务系统的订单、库存、交易账目,客户和供应商等来自企业所处行业和竞争对手的数据,以及来自企业所处的其他外部环境中的各种数据。商务智能辅助的业务经营决策,既可以是操作层的,也可以是战术层和战略层的。为了将数据转化为知识,需要利用数据仓库、联机分析处理(OLAP)工具和数据挖掘等技术。因此,从技术层面上讲,商务智能不是什么新技术,它只是数据仓库、OLAP和数据挖掘等技术的综合运用。

三、数据分析框架事件

数据分析框架事件分类如下。

(一)分类

在业务构建中,最重要的分类一般是对客户数据的分类,其主要用于精准营销。通常分类数据最大的问题在于分类区间的规划,例如分类区间的颗粒度以及分类区间的区间界限等。分类区间的规划需要根据业务流来设定,而业务流的设计必须以客户需要为核心,因此分类的核心思想在于能够完成满足客户需要的业务。由于市场需求是变化的,分类通常也是变化的,例如银行业务中VIP客户的储蓄区间等。

(二)估计

通常数据估计是互动营销的基础,以基于客户行为的数据估计为基础进行互动营销已经被证实具有较高的业务转化率。银行业中经常通过客户数据估计客户对金融产品的偏好,电信业务和互联网业务则经常通过客户数据估计客户需要的相关服务或者估计客户的生命周期。

数据估计必须基于数据的细分和数据逻辑关联性,数据估计需要有较高的数据挖掘和数据分析水平。简单来讲,估计是指根据业务数据判断的需要定义需要估计的数据和数据区间值,对业务进行补充和协助,例如根据客户储蓄和投资行为估计客户投资风格等。

(三)预测

根据数据变化趋势进行未来预测通常是非常有力的产品推广方式。例如,证券业通常会推荐走势良好的股票,银行业会根据客户的资本情况协助客户投资理财以达到某个未来预期,电信行业通常以服务使用的增长来判断业务扩张、收缩以及营销等。

数据预测通常是多个变量的共同结果,各组变量之间一般会存在某个相互联系的数值,根据各个变量的关系通常可以计算出数据预测值,并以此作为业务决策的依据展开后续行动。简单来讲,预测是指根据数据的变化趋势预测数据的发展方向,例如根据历史投资数据帮助客户预测投资行情等数据。

(四)数据分组

数据分组是精准营销的基础,当数据分组以客户特征为主要维度时,通常可以用于估计下一次行为的基础。例如,通过客户使用的服务特征的需要来营销配套服务和工具,比如购买了 A 类产品的客户一般会有 B 行为等。数据分组的难点在于分组维度的合理性,通常其精确性取决于分组逻辑是否与客户行为特征一致。

(五)聚类

数据聚类是数据分析的重点项目之一。例如:在健康管理系统中通过症状组合可以大致估计病人的疾病;在电信行业产品创新中,客户使用的业务组合通常是构成服务套餐的重要依据;在银行业产品创新中,客户投资行为聚合也是其金融产品创新的重要依据。

数据聚类的要点在于聚类维度选取的正确性,需要不断地实践来验证其可行性。简单讲,聚类是指数据集合的逻辑关系,如同时拥有 A 特征和 B 特征的数据,可以推断出其也拥有 C 特征。

（六）描述

描述性数据的最大效用在于可以对事件进行详细归纳,通常很多细微的机会发现和灵感启迪来自于一些描述性的客户建议,同时客户更愿意通过描述性的方法来查询、搜索等,这时就需要在技术上通过较好的数据关联方法来协助客户。

描述性数据的使用难点在于大数据量下的数据要素提取和归类,其核心在于要素提取规则以及归类方法。要素提取和归类方法是其能够被使用的基础。

（七）复杂数据挖掘

复杂数据(如视频、音频、图形图像等)挖掘,其要素目前依然难以通过技术手段提取,但是可以从上下文与语境中提取一些要素以帮助聚类。例如,重要客户标记了高度重要性的视频一般优先权重也应该较高。

复杂数据挖掘目前处理的方式一般通过数据录入的标准化来解决,核心在于数据录入标准体系的规划。建议为了整理的方便,初期规划时尽可能考虑完善,不仅仅适用现在,而且可以适用于未来。

第二节　数据挖掘

数据挖掘(Data Mining,DM)是数据库知识发现中的一个步骤,数据挖掘通常与计算机科学有关,并通过统计、在线分析处理、情报检索、机器学习、专家系统(依靠过去的经验法则)和模式识别等诸多方法来实现目标。

一、数据挖掘概念

数据挖掘是指从数据库的大量数据中揭示出隐含的、先前未知的并有潜在价值的信息的非平凡过程。数据挖掘是一种决策支持过程,它主要基于人工智能、机器学习、模式识别、统计学、数据库、可视化技术等,高度自动化地分析企业的数据,做出归纳性的推理,从中挖掘出潜在的模式,帮助决策者调整市场策略,减少风险,做出正确的决策。

数据挖掘是通过分析每个数据,从大量数据中寻找其规律的技术,主要包括数据准备、规律寻找和规律表示三个步骤。数据准备是从相关的数据源中选取所需的数据并整合成用于数据挖掘的数据集;规律寻找是用某种方法将数据集所含的规律找出来;规律表示是尽可能以用户可理解的方式(如可视化)将找出的规律表示出来。

　　数据挖掘的任务主要包括关联分析、聚类分析、分类分析、异常分析、特异群组分析和演变分析等。并非所有的信息发现任务都被视为数据挖掘,如使用数据库管理系统查找个别的记录,或通过因特网的搜索引擎查找特定的 Web 页面,则是信息检索(information retrieval)领域的任务。虽然这些任务是重要的,可能涉及复杂的算法和数据结构,但是它们主要依赖传统的计算机科学技术和数据的明显特征来创建索引结构,从而有效地组织和检索信息。

　　数据挖掘引起了信息产业界的极大关注,其主要原因是存在大量可以广泛使用的数据,并且迫切需要将这些数据转换成有用的信息和知识。获取的信息和知识可以广泛用于各种应用,包括商务管理、生产控制、市场分析、工程设计和科学探索等。

　　数据挖掘利用了如下一些领域的思想:其一,统计学的抽样、估计和假设检验;其二,人工智能、模式识别和机器学习的搜索算法、建模技术和学习理论。此外,数据挖掘也迅速地接纳了来自其他领域的思想,这些领域包括最优化、进化计算、信息论、信号处理、可视化和信息检索。一些其他领域也起到重要的支撑作用。特别地,需要数据库系统提供有效的存储、索引和查询处理支持。源于高性能(并行)计算的技术在处理海量数据集方面常常是重要的。分布式技术也能帮助处理海量数据,并且当数据不能集中到一起处理时更是至关重要。

二、数据挖掘的任务、产生条件与过程

(一)数据挖掘的任务

　　图 2-2-1 给出了数据挖掘的 4 种主要任务。利用计算机技术与数据库技术,可以支持建立并快速存储与检索各类数据库,但传统的数据处理与分析方法、手段难以对海量数据进行有效的处理与分析。利用传统的数据分析方法一般只能获得数据的表层信息,难以揭示数据属性的内在关系和隐含信息。海量数据的飞速产生和传统数据分析方法的不适用性带来了对更有效的数据分析理论与技术的需求。

　　将快速增长的海量数据收集并存放在大型数据库中,使之成为难得再访问也无法有效利用的数据档案是一种极大的浪费。当需要从这些海量数据中找到人们可以理解和认识的信息与知识,使这些数据成为有用的数据时,就需要更有效的分析理论与技术及相应工具。将智能技术与数据库技术结合起来,从这些数据中自动挖掘出有价值的信息是解决问题的一个有效途径。

　　对于海量数据和信息的分析与处理,可以帮助人们获得更丰富的知识和科学认识,在理论技术以及实践上获得更为有效且实用的成果。从海量数据中获得有用信息与知识的关键之一是决策者是否拥有从海量数据中提取有价值知识的方法与工具。如何从海量数据中提取有用的信息与知识,是当前人工智能、模式识别、机器学习等领域中一个重要的研究课题。

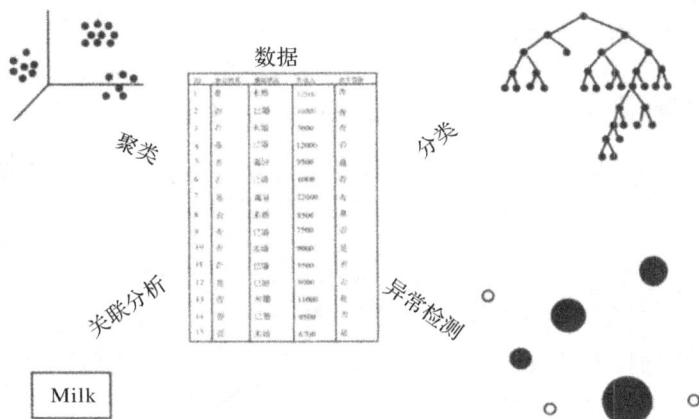

图 2 - 2 - 1　数据挖掘的主要任务

对于海量数据,可以利用数据库管理系统来进行存储管理。对数据中隐含的有用信息与知识,可以利用人工智能与机器学习等方法来分析和挖掘,这些技术的结合导致了数据挖掘技术的产生。

数据挖掘技术与数据库技术有着密切关系。数据库技术解决了数据存储、查询与访问等问题,包括对数据库中数据的遍历。数据库技术未涉及对数据集中隐含信息的发现,而数据挖掘技术的主要目标就是挖掘出数据集中隐含的信息和知识。

(二)数据挖掘的产生条件

数据挖掘技术产生的基本条件分别是:海量数据的产生与管理技术、高性能的计算机系统、数据挖掘算法。激发数据挖掘技术研究与应用主要有四个技术方面的因素:

第一,超大规模数据库的产生,如商业数据仓库和计算机系统自动收集的各类数据记录。商业数据库正在以空前的速度增长,而数据仓库正在被广泛地应用于各行各业。

第二,先进的计算机技术,如具有更高效的计算能力和并行体系结构。复杂的数据处理与计算对计算机硬件性能的要求逐步提高,而并行多处理机在一定程度上满足了这种需求。

第三,对海量数据的快速访问需求,如人们需要了解与获取海量数据中的有用信息。

第四,对海量数据应用统一方法计算的能力。数据挖掘技术已获得广泛的研究与应用,并已经成为一种易于理解和操作的有效技术。

从1989年第十一届国际联合人工智能学术会议上自数据挖掘被正式提出以来,学术界就没有中断过对它的研究。数据挖掘在学术界和工业界的影响越来越大。数据挖掘技术被认为是一个新兴的、非常重要的、具有广阔应用前景和富有挑战性的研究领域,并引起了众多学科研究者的广泛注意。经过数十年的努力,数据挖掘技术的研究已经取得了丰硕的成果。

数据挖掘作为一种"发现驱动型"的知识发现技术,被定义为找出数据中的模式的过程。这个过程必须是自动的或半自动的。数据的总量总是相当可观的,但从中发现的模式必须是有意义的,并能产生出一些效益,通常是经济上的效益。数据挖掘技术是数据库、信息检索、统计学、算法和机器学习等多个学科多年影响的结果,如图2-2-2所示。

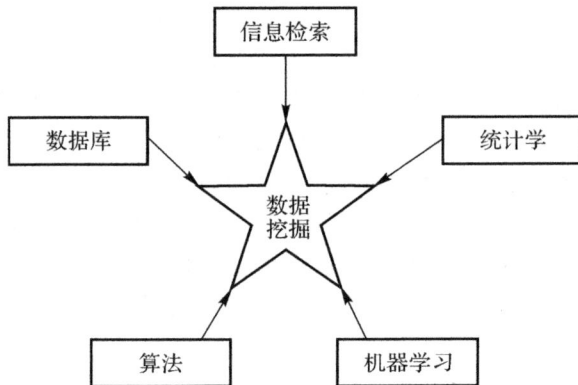

图2-2-2 数据挖掘与各学科的关系

数据挖掘从作用上可以分为预言性挖掘和描述性挖掘两大类。预言性挖掘是建立一个或一组模型,并根据模型产生关于数据的预测,可以根据数据项的值精确确定某种结果,所使用的数据也都是可以明确知道结果的。描述性挖掘是对数据中存在的规则做一种概要的描述,或者根据数据的相似性把数据分组。描述型模式不能直接用于预测。

(三)数据挖掘的过程

数据挖掘的过程如图2-2-3所示。首先是定义问题,将业务问题转换为数据挖掘问题,然后选取合适的数据,并对数据进行分析理解。根据目标对数据属性进行转换和选择,之后使用数据对模型进行训练以建立模型。在评价确定模型对解决业务问题有效之后,对模型进行部署,弄清每一个步骤间的正常先后顺序,但这与实际操作可能不符。

尽管如此,实际中的数据挖掘过程最好视为网状循环而不是一条直线。各步骤之间确实存在一个自然顺序,但是没有必要或苛求完全结束某个步骤后才进行下一步。后面几步中获取的信息可能要求重新考察前面的步骤。

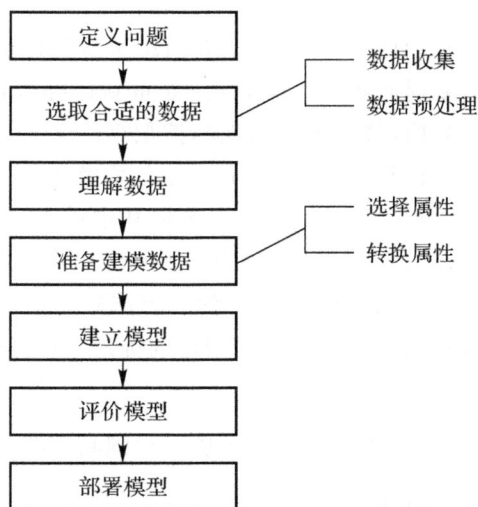

图 2-2-3 数据挖掘的过程

1. 定义问题

数据挖掘的目的是在大量数据中发现有用的令人感兴趣的信息,因此发现何种知识就成为整个过程中第一个重要的阶段,这就要求对一系列问题进行定义,将业务问题转换为数据挖掘问题。

2. 选取合适的数据

数据挖掘需要数据。在所有可能的情况中,最好是所需数据已经存储在共同的数据仓库中,经过数据预处理,数据可用,历史精确且经常更新。

3. 理解数据,准备建模数据

在开始建立模型之前,需要花费一定的时间对数据进行研究,检查数据的分布情况,比较变量值及其描述,从而对数据属性进行选择,并对某些数据进行衍生处理。

4.建立模型

针对特定业务需求及数据的特点来选择最合适的挖掘算法。在定向数据挖掘中,根据独立或输入的变量,训练集用于产生对独立的或者目标的变量的解释。这个解释可能采用神经网络、决策树、链接表或者其他表示数据库中的目标和其他字段之间关系的表达方式。在非定向数据挖掘中,就没有目标变量了。模型发现记录之间的关系,并使用关联规则或者聚类方式将这些关系表达出来。

5.评价模型

数据挖掘的结果是否有价值?这就需要对结果进行评价。如果发现模型不能满足业务需求,则需要返回到前一个阶段;如重新选择数据,采用其他的数据转换方法,给定新的参数值,甚至采用其他的挖掘算法。

目前,比较常用的评估技术有两种:K-折交叉确认和保持。K-折交叉确认方法是指把样本数据分成 N 等份,第一次把其中的前 $N-1$ 份用作训练样本,剩下的 1 份用于测试;第二次把不同的 $N-1$ 份用作训练样本,剩下的 1 份用于测试,这样的训练和测试重复 N 遍。保持方法则是指把给定的样本数据随机地划分成两个独立的集合,其中一部分用作训练集,剩下的用于测试集。

6.部署模型

部署模型就是将模型从数据挖掘的环境转移到真实的业务评分环境。

三、数据挖掘的主要算法

(一)分类算法

从数据中选出已经分好类的训练集,在该训练集上运用数据挖掘分类的技术,建立分类模型,对没有分类的数据进行分类。

从大的方面可以把分类算法分为机器学习方法、统计方法、神经网络方法等。其中,机器学习方法包括决策树法和规则归纳法,统计方法包括贝叶斯法等,神经网络方法主要是 BP 算法。分类算法根据训练集数据找到可以描述并区分数据类别的分类模型,使之可以预测未知数据的类别。

1.决策树分类算法

决策树分类算法,典型的有 ID3、C4.5 等算法。ID3 算法是利用信息论中信息增益寻找数据库中具有最大信息量的字段,建立决策树的一个节点,并根据字段的不同取值建立树的分枝,在每个分枝子集中重复建树的下层节点和分枝,最终建成决策树的方法。C4.5 算法是 D3 算法的后继版本。

2.贝叶斯分类算法

贝叶斯分类算法是在贝叶斯定理的基础上发展起来的,它有几个分支,如朴素贝叶斯分类和贝叶斯信念网络算法。朴素贝叶斯算法假定一个属性值对给定类的影响独立于其他属性的值。贝叶斯信念网络算法是网状图形,能表示属性子集间的依赖关系。

3.BP 算法

误差反向传播(Error Back Propagation,BP)算法构建的模型是指在前向反馈神经网络上学习得到的模型,它本质上是一种非线性判别函数,适合于在那些普通方法无法解决、需要用复杂的多元函数进行非线性映照的数据挖掘环境下,用于完成半结构化和非结构化的辅助决策支持过程,但是在使用过程中要注意避开局部极小的问题。

(二)关联算法

相关性分组或关联规则(affinity grouping or association rules)决定哪些事情将一起发生。例如,超市中客户在购买 A 的同时,经常会购买 B,即 A→B(关联规则);客户在购买 A 后,隔一段时间,会购买 B(序列分析)。

在关联规则发现算法中,典型的是 Apriori 算法,它是挖掘顾客交易数据库中项集(项的集合称为项集)间的关联规则的重要方法,其核心是基于两阶段频集(所有支持度大于最小支持度的项集称为频繁项集,简称频集)思想的递推算法。基本思想是先找出所有的频集,这些项集出现的频繁性至少和预定义的最小支持度一样;然后由频集产生强关联规则,这些规则必须满足最小支持度和最小可信度。它的缺点是容易在挖掘过程中产生瓶颈,需重复扫描代价较高的数据库。

而在多值属性关联算法中,典型的是 MAGA 算法,它是将多值关联规则问题转化为布尔型关联规则问题,然后利用已有的挖掘布尔型关联规则的方法得到有价值的规则。若属性为类别属性,则先将属性值映射为连续的整数,并将意义相近的取值相邻编号。

(三)聚类方法

聚类是对记录分组,把相似的记录在一个聚集里。聚类和分类的区别是聚集不依赖于预先定义好的类,不需要训练集。

例如,一些特定症状的聚集可能预示了一个特定的疾病;租 VCD 类型不相似的客户聚集,可能暗示成员属于不同的亚文化群。

聚集通常作为数据挖掘的第一步。例如,"哪一种类的促销对客户响应最好?"对于这一类问题,先对整个客户做聚集,将客户分组在各自的聚集里,然后对每个不同的聚集分别回答问题,可能效果更好。

聚类方法包括统计分析算法、机器学习算法、神经网络算法等。

1.统计分析算法

在统计分析算法中,聚类分析是基于距离的聚类,如欧氏距离、海明距离等。这种聚类分析方法是一种基于全局比较的聚类,它需要考察所有的个体才能决定类的划分。

2.机器学习算法

在机器学习算法中,聚类是无监督的学习。在这里,距离是根据概念的描述来确定的,故此聚类也称概念聚类。当聚类对象动态增加时,概念聚类则转变为概念形成。

3.神经网络算法

在神经网络算法中,自组织神经网络方法可用于聚类,如 ART 模型、Kohonen 模型等,它是一种无监督的学习方法,即给定距离阈值后,各个样本按阈值进行聚类。它的优点是能非线性学习和联想记忆,但也存在一些问题:首先,如不能观察中间的学习过程,最后的输出结果较难解释,从而影响结果的可信度及可接受程度。其次,神经网络需要较长的学习时间,对大数据量而言,其性能会出现严重问题。

(四)预测序列方法

常见的预测序列方法有简易平均法、移动平均法、指数平滑法、线性回归法和灰色预测法等。

1.简易平均法

简易平均法是一种简便的时间序列法,是以一定观察期的数据求得平均数,并以所求平均数为基础,预测未来时期的预测值。简易平均法是最简单的定量预测方法。简易平均法的运算过程简单,不需要进行复杂的模型设计和数学运用,常在市场的近期预测、短期预测中使用。

2.移动平均法

移动平均法是用一组最近的历史需求,来预测未来一期或多期的需求。这是时间序列最常用的方法之一。当每期的历史需求权重一样的时候,就叫简单移动平均(一般简称为移动平均);当权重不同的时候,就叫加权移动平均。在加权移动平均中,需求历史越近,权重一般越大,也就是说更重视最新的信息,但所有的权重加起来等于1。

3.指数平滑法

指数平滑法是在移动平均法基础上发展起来的一种时间序列分析预测法,它是通过计算指数平滑值,配合一定的时间序列预测模型对现象的未来进行预测的。它能减少随机因素引起的波动和检测器错误。

4.线性回归法

回归技术中,线性回归模型是通过处理数据变量之间的关系,找出合理的数学表达式,并结合历史数据来对将来的数据进行预测的。

5.灰色预测法

灰色预测法是建立在灰色预测理论的基础上的,在灰色预测理论看来,系统的发展有其内在的一致性和连续性,该理论认为,将系统发展的历史数据进行若干次累加和累减处理,所得到的数据序列将呈现某种特定的模式(如指数增长模式等),挖掘该模式然后对数据进行还原,就可以预测系统的发展变化。灰色预测法是一种对含有不确定因素的系统进行预测的常用定量方法。通常来说,在宏观经济的各行业中,由于受客观政策及市场经济等各方面因素影响,可以认为这些系统都是灰色系统,均可以用灰色预测法来描述其发展、变化的趋势。灰色预测是对既含有确定信息又含有不确定信息的系统进行预测,也就是对在一定范围内变化的、与时间序列有关的灰色过程进行预测。尽管灰色过程中所显示的现象是随机的,但毕竟是有序的,因此得到的数据集合具备潜在的规律。灰色预测通过鉴别系统因素之间发展趋势的相异程度,即进行关联分析,并对原始数据进行生成处理来寻找系统变动的规律,生成有较强规律性的数据序列,然后建立相应的微分方程模型,以此来预测事物未来的发展趋势。

(五)估计方法

估计与分类相似,不同之处在于,分类描述的是离散型变量的输出,而估计处理连续值的输出;分类的类别是确定数目的,估计的量是不确定的。例如,根据购买模式,估计一个家庭的孩子个数;根据购买模式,估计一个家庭的收入;估计房产的价值。

一般来说,估计可以作为分类的前一步工作。给定一些输入数据,通过估计得到未知的连续变量的值,然后根据预先设定的阈值进行分类。例如,银行对家庭贷款业务运用估计给各个客户记分(Score0~1),然后根据阈值将贷款级别分类。

(六)预测方法

通常,预测是通过分类或估计起作用的,也就是说,通过分类或估计得出模型,该模型用于对未知变量的预测。从这种意义上说,预测其实没有必要分为一个单独的类。预测的目的是对未来未知变量的预言,这种预言是需要时间来验证的,即必须经过一定时间后,才知道预言的准确性是多少。

(七)描述和可视化方法

描述和可视化(Description and Visualization)是对数据挖掘结果的表示方式。

例如,数据挖掘帮助 DHL 实时跟踪货箱温度。DHL 是国际快递和物流行业的全球市场领先者,它提供快递、水陆空三路运输、合同物流解决方案以及国际邮件服务。DHL 的国际网络将超过 220 个国家及地区联系起来,员工总数超过 28.5 万人。在美国 FDA(食品药品监督管理局)要求确保运送过程中药品装运的温度达标这一压力之下,DHL 的医药客户强烈要求提供更可靠且更实惠的选择。这就要求 DHL 在递送的各个阶段都要实时跟踪集装箱的温度。虽然由记录器方法生成的信息准确无误,但是无法实时传递数据,使客户和 DHL 都无法在发生温度偏差时采取任何预防和纠正措施。因此,DHL 的母公司——德国邮政世界网(DPWN)通过技术与创新管理(TIM)集团明确拟定了一个计划,准备使用 RFID 技术在不同时间点全程跟踪装运的温度,通过 IBM 全球企业咨询服务部绘制决定服务的关键功能参数的流程框架。这样可获得如下收益:对于最终客户来说,能够使医药客户对运送过程中出现的装运问题提前做出响应,并以引人注目的低成本全面切实地增强运送可靠性;对于 DHL 来说,提高了客户满意度和忠实度,为保持竞争差异奠定了坚实的基础,并成为重要的新的收入增长来源。

四、数据挖掘和 OLAP

数据挖掘和 OLAP(联机分析处理)是完全不同的工具,技术也大相径庭。

OLAP 是决策支持领域的一部分。传统的查询和报表工具只能告诉用户数据库中都有什么(What happened),而 OLAP 则告诉用户下一步会怎么样(What next)以及如果用户采取这样的措施又会怎么样(What if)。用户先建立一个假设,然后用 OLAP 检索数据库来验证这个假设是否正确。比如,一个分析师想找到什么原因导致了贷款拖欠,他可能先做一个初始的假定,认为低收入的人信用度也低,然后用 OLAP 来验证这个假设。如果这个假设没有被证实,他可能去查看那些高负债的账户,如果还不行,他也许要把收入和负债一起考虑,一直进行下去,直到找到他想要的结果或放弃。

也就是说,OLAP 分析师是建立一系列的假设,然后通过 OLAP 来证实或推翻这些假设来最终得到自己的结论。OLAP 分析过程在本质上是一个演绎推理的过程。但是,如果分析的变量达到几十或上百个,那么再用 OLAP 手动分析验证这些假设将是一件非常困难和痛苦的事情。

与 OLAP 不同的地方是,数据挖掘不是用于验证某个假定的模式(模型)的正确性,而是在数据库中自己寻找模型。它在本质上是一个归纳的过程。比如,一个用数据挖掘工具的分析师想找到引起贷款拖欠的风险因素。数据挖掘工具可能帮他找到高负债和低收入是引起这个问题的因素,甚至还可能发现一些分析师从来没有想过或试过的其他因素,如年龄。

数据挖掘和 OLAP 具有一定的互补性。在利用数据挖掘出来的结论采取行动之前,也许要验证一下如果采取这样的行动会给公司带来什么样的影响,那么 OLAP 工具能回答这些问题。

在知识发现的早期阶段,OLAP 工具还有其他一些用途。例如,可以帮用户探索数据,找到哪些是对一个问题比较重要的变量,发现异常数据和互相影响的变量。这都能帮分析者更好地理解数据,加快知识发现的过程。

第三节　关联技术

关联分析又称关联挖掘,就是在交易数据、关系数据或其他信息载体中,查找存在于项目集合或对象集合之间的频繁模式、关联、相关性或因果结构。或者说,关联分析是发现交易数据库中不同商品(项)之间的联系。下面介绍关联技术的相关知识。

一、关联分析简介

关联分析是指如果两个或多个事物之间存在一定的关联,那么其中一个事物就能通过其他事物进行预测。它的目的是挖掘隐藏在数据间的相互关系。

客户的一个订单中通常包含多种商品,这些商品是有关联的。比如,购买了轮胎的外胎就会购买内胎;购买了羽毛球拍,就会购买羽毛球。可见,关联分析能够识别出相互关联的事件,预测一个事件发生时,有多大的概率发生另一个事件。

数据关联是数据库中存在的一类重要的可被发现的知识。若两个或多个变量的取值之间存在某种规律性,就称为关联。关联可分为简单关联、时序关联和因果关联。关联分析的目的是找出数据库中隐藏的关联网。有时并不知道数据库中数据的关联函数,即使知道也是不确定的,因此关联分析生成的规则带有可信度。关联规则挖掘可以发现大量数据中项集之间有趣的关联或相关联系。

二、关联规则挖掘过程

关联规则挖掘(Association Rule Mining)是数据挖掘中最活跃的研究方法之一,可以用来发现数据之间的联系。关联规则挖掘过程主要包含两个阶段:第一阶段必须先从资料集合中找出所有的高频项目组(Frequent Itemsets),第二阶段再由这些高频项目组中产生关联规则(Association Rules)。

关联规则挖掘的第一阶段必须从原始资料集合中找出所有高频项目组(Large Itemsets)。高频的意思是指某一项目组出现的频率相对于所有记录而言,必须达到某一水平。一个项目组出现的频率称为支持度(Support)。以一个包含 A 与 B 两个项目的 2 - itemset 为例,我们可以经由公式求得包含{A,B}项目组的支持度,若支持度不小于所设定的最小支持度(Minimum Support)门槛值,则{A,B}称为高频项目组。一个满足最小支持度的 k - itemset,则称为高频 k -项目组(Frequent k - itemset),一般表示为 Large$k$ 或 Frequent k,此后从 Large$k$ 的项目组中再产生 Large$k$+1,直到无法再找到更长的高频项目组为止。

关联规则挖掘的第二阶段是要产生关联规则(Association Rules)。从高频项目组产生关联规则,是利用前一步骤的高频 k -项目组来产生规则,在最小信赖度(Minimum Confidence)的条件门槛下,若一规则所求得的信赖度满足最小信赖度,称此规则为关联规则。例如,经由高频 k -项目组{A,B}所产生的规则 AB,其信赖度可经由公式求得,若信赖度大于或等于最小信赖度,则称 AB 为关联规则。

从上面的介绍还可以看出,关联规则挖掘通常比较适用于记录中的指标取离散值的情况。如果原始数据库中的指标值是取连续的数据,则在关联规则挖掘之前应该进行适当的数据离散化(实际上就是将某个区间的值对应于某个值)。数据的离散化是数据挖掘前的重要环节,离散化的过程是否合理将直接影响关联规则的挖掘结果。

三、关联规则的分类

(一)布尔型关联规则和数值型关联规则

基于规则中处理的变量的类别,关联规则可以分为布尔型和数值型。布尔型关联规则处理的值都是离散的、种类化的,它显示了这些变量之间的关系;而数值型关联规则可以和多维关联或多层关联规则结合起来,对数值型字段进行处理,将其进行动态分割,或者直接对原始的数据进行处理,当然数值型关联规则中也可以包含种类变量。例如,性别＝"女"→职业＝"秘书",是布尔型关联规则;性别＝"女"→avg(收入)＝2 300,涉及的收入是数值类型,所以是一个数值型关联规则。

（二）单层关联规则和多层关联规则

基于规则中数据的抽象层次,可以分为单层关联规则和多层关联规则。在单层的关联规则中,所有的变量都没有考虑到现实的数据具有多个不同的层次;而在多层的关联规则中,对数据的多层性已经进行了充分的考虑。例如,IBM台式机⇒Sony 打印机,是一个细节数据上的单层关联规则;台式机⇒Sony 打印机,是一个较高层次和细节层次之间的多层关联规则。

（三）单维关联规则和多维关联规则

基于规则中涉及的数据的维数,关联规则可以分为单维关联规则和多维关联规则。在单维关联规则中,只涉及数据的一个维,如用户购买的物品;而在多维的关联规则中,要处理的数据将会涉及多个维。换句话说,单维关联规则是处理单个属性中的一些关系,多维关联规则是处理各个属性之间的某些关系。例如,啤酒→尿布,这条规则只涉及用户购买的物品;性别＝"女"→职业＝"秘书",这条规则就涉及两个字段的信息,是两个维上的一条关联规则。

四、关联规则的算法

（一）Apriori 算法

Apriori 算法是一种最有影响力的挖掘布尔关联规则频繁项集的算法。该关联规则在分类上属于单维、单层、布尔关联规则。其基本思想是:先找出所有的频繁项集,这些项集出现的频繁性至少和预定义的最小支持度一样;然后由频集产生强关联规则,这些规则必须满足最小支持度和最小可信;最后使用第一步找到的频集产生期望的规则,产生只包含集合的项的所有规则,其中每一条规则的右部只有一项,这里采用的是中规则的定义。一旦这些规则被生成,那么只有那些大于用户给定的最小可信度的规则才被留下来。为了生成所有频集,使用递推的方法,可能产生大量的候选集,或可能需要重复扫描数据库,是 Apriori算法的缺点。

（二）基于划分的算法

A. Savasere 等人设计了一个基于划分的算法。这个算法先从逻辑上把数据库分成几个互不相交的块,每次单独考虑一个分块并对它生成所有的频集,然后把产生的频集合并,用来生成所有可能的频集,最后计算这些频集的支持度。

这里分块的大小选择要使每个分块可以被放入主存,每个阶段只需被扫描一次。而算法的正确性是由每一个可能的频集或至少在某一个分块中是频集保证的。该算法是可以高度并行的,可以把每一分块分别分配给某一个处理器生成频集。产生频集的每一个循环结束后,处理器之间进行通信来产生全局的候选 k-项集。通常这里的通信过程是算法执行时间的主要瓶颈,而每个独立的处理器生成频集的时间也是一个瓶颈。

(三)FP-树频集算法

针对 Apriori 算法的固有缺陷,J. Han 等人提出了不产生候选挖掘频繁项集的方法——FP-树频集算法。

采用分而治之的策略,在经过第一遍扫描之后,把数据库中的频集压缩进一棵频繁模式树(FP-tree),同时依然保留其中的关联信息,随后再将 FP-tree 分化成一些条件库,每个库和一个长度为 1 的频集相关,再对这些条件库分别进行挖掘。当原始数据量很大的时候,也可以结合划分的方法,使一个 FP-tree 能放入主存中。实验表明,FP-树频集算法对不同长度的规则都有很好的适应性,同时在效率上较 Apriori 算法也有巨大的提高。

五、关联规则的应用实践

关联规则挖掘技术已经被广泛应用在金融行业企业中,它可以成功预测银行客户的需求。例如,一旦获得了相关信息,银行就可以改善自身营销。现在银行一直都在开发新的客户沟通方法,各银行在自己的 ATM 机上捆绑了顾客可能感兴趣的本行产品信息,供使用本行 ATM 机的用户了解。如果数据库中显示,某个高信用限额的客户更换了地址,这个客户很有可能新近购买了一栋更大的住宅,因此有可能需要更高信用限额、更高端的新信用卡,或者需要住房改善贷款,这些产品都可以通过信用卡账单邮寄给客户。当客户打电话咨询的时候,数据库可以在销售代表的电脑屏幕上显示出客户的特点,同时可以显示出顾客会对什么产品感兴趣,帮助销售。

同时,一些知名的电子商务站点也从强大的关联规则挖掘中受益。这些电子购物网站使用关联规则进行挖掘,然后设置用户有意要一起购买的捆绑包。也有一些购物网站使用它们设置相应的交叉销售,也就是设置相关的另外一种商品的广告。

目前,在中国,"数据海量,信息缺乏"是商业银行在数据大集中之后普遍面对的尴尬。金融业实施的大多数数据库只能实现数据的录入、查询、统计等较低层次的功能，却无法发现数据中存在的各种有用的信息。如对这些数据进行分析，发现其数据模式及特征，然后可能发现某个客户、消费群体或组织的金融和商业兴趣，并可观察金融市场的变化趋势。

第三章　大数据链接分析技术

第一节　链接分析中的数据采集

近10年来,网络链接分析的理论、技术和方法在数学、计算机、社会科学等多个领域得到了快速发展。正因为网络链接分析在犯罪调查、防止金融诈骗、Web挖掘(如网络搜索服务和企业竞争情报分析)和通信等方面存在潜在的、巨大的学术价值和经济价值,网络链接分析引起了越来越多国内外学者的关注。此外,在数据挖掘领域出现了新的研究分支——链接挖掘(Link Mining)。链接挖掘的主要任务有基于链接的分类和聚类、链接实体间关系的判断与预测、链接强度的预测以及不确定因素的识别(如信息提取、去重和引证分析中的对象识别等)。

一、链接分析概述

在图书情报领域,从 Webometrics 的提出到对网络文献链接规律、期刊网络影响力、学术科研机构之间链接规律等方面的探索性研究,都是围绕链接分析展开的。出于信息计量学研究的需要,综合利用多个学科的知识、从多个角度对链接挖掘进行研究有着广泛而又深远的意义。然而,对于网络计量学的链接分析研究而言,难点之一就是如何才能有效地获取序化的、可靠地用于链接分析的原始数据。网络链接技术的多样性、链接技术应用的广泛性、链接动机的复杂性、链接质量分布的不均衡性和链接创建的方便性等诸多因素的存在,给链接分析研究的数据获取带来很大挑战。

链接分析结论的可信性很大限度上受到原始数据可靠性的影响和制约,不同的数据采集策略和数据采集工具可能会导致完全不同甚至相反的结论,因此对于数据采集策略和数据采集工具的研究是链接分析研究的基础和保证。数据采集策略的多样性和对不同样本集合的适用性必须依赖于数据采集工具的灵活性,所以数据采集工具的优化是链接分析研究的第一步。从链接分析的理论需要出发,对数据采集工具性能的判断包含以下几方面的内容:

第一,是否能够有效地获取样本集合内指向核心资源的链接;

第二,数据的组织方式、拟合分类方法是否能很好地拟合于数据分析工具;

第三,是否可以根据不同的研究需要制定不同的数据采集策略,如对数据采集深度和范围的选择。

满足以上条件的数据采集工具才被认为是功能完备的,从中获取的数据才是可靠的。而现有的数据采集工具,无论是商业软件还是共享免费软件都难以达到以上标准。

二、相关研究

(一)数据采集策略和工具

目前国内外链接分析研究中所普遍采用的数据采集策略和工具主要有以下三类:

第一,使用大型商业搜索引擎,如 Alta Vista、Google 等;

第二,使用第三方网络爬行软件与自主开发相结合的方式,如 Offline Explorer+webStat;

第三,自主开发链接抓取工具,如 CheckWeb、Mike Thelwall 等开发的网络爬虫,Lawrence、Bollacker 和 Giles 开发的 Cite－Seer。

一般大型的商业搜索引擎在网页获取、文档索引和并行检索方面的技术比较成熟,网络覆盖面相对较广,使用搜索引擎来获取链接分析数据具有很好的可操作性。同时,在某些情况下,如在计算 Web－IF 时,可以在很大限度上减轻研究人员的负担,这也是目前链接分析中获取分析数据的主要途径和方法。然而,对于链接分析研究而言,商业搜索引擎也存在很多致命缺陷,如可靠性低、稳定性差、更新慢等问题,Ronald Rousseau 等很多学者的研究也证明了这一点。虽然搜索引擎不存在太明显的语言偏向,但明显存在技术上非故意的地区倾向,如对美国地区的覆盖面远远高于中国内地、台湾地区和新加坡地区。当然,其中有部分原因可能与美国的信息技术起步早,国家和地区网站的链接倾向以及深层次的社会、政治因素有关。在相关研究者的测试中也发现商业搜索引擎本身的算法也存在一些严重缺陷。

(二)搜索引擎具备的条件

用于网络计量学研究的搜索引擎应该具备以下四方面的条件:

第一,被测试站点必须有较高的覆盖面;

第二,检索结果必须可靠,即在特定比较短的时间内的检索结果应该是一致的;

第三,用户可以获取搜索引擎的基本策略,如页面标引方法、覆盖面、标引哪些格式的网页以及为什么等;

第四,必须具备可以发现网页之间链接关系的高级检索功能。

除了这几方面,网络计量学的数据采集工具还应该具备网站分层、页面选择、过滤、域控制、错误检测等功能。显然,目前的搜索引擎还难以满足以上要求。

使用第三方网络爬行软件来获取数据也有很大弊端,很多时候研究者的数据采集策略会受到第三方软件这个"黑箱"的限制,数据采集方式和数据组织方式不完全符合链接分析或者研究初始设计的需要,从而对研究结论产生很大的影响。综合来看,就链接分析的单点研究或者有限多点研究而言,自主开发链接分析专用的数据采集软件是比较可靠的方法。

考虑到现有数据采集工具存在的各种不足,相关人员开发了以网络链接结构和分布分析研究为主要目标的链接数据系统——Link Discoverer。该系统依据社会化链接网络分析的研究需要,在数据获取的深度和范围、数据采集可靠性保证以及数据组织等方面制定了比较完备的策略,尽可能以最小的代价获取最核心和可靠的链接数据,为后续的链接网络结构分析和其他计量指标的计算提供良好的数据支持。

三、系统功能设计

与搜索引擎使用的 Crawler(或 Spider)系统不同的是,Link Discoverer 中支持对爬行规则和优选策略的设置以及链接分类等。可利用 Link Discoverer 获取样本网站集合内各样本之间的相互连接关系数据,而不必受搜索引擎的功能限制。

(一)采集规则设定及链接分类

在启动一个新的采集任务之前,需要由用户选择设定三种采集规则。

1.采集范围设定

Link Discoverer 支持单一站点(site)内的爬行和域(domain)内爬行两种模式。如输入初始 URL"http://www.domain.edu.cn",在单一站点爬行模式下,Link Discoverer 的子线程只会在"domain"域内的"www"主机上爬行,所有指向该主机以外的 URL 都被视为向外链接(outlink);而在域爬行模式下,Link Discoverer 会访问"domain"域内所有的主机。当然,只有指向域"domain"以外的 URL 才会被视为向外链接。

2.采集深度设定

一般认为,浅层链接的质量、权威性要高于深层链接(除了指向电子期刊等电子资源的深层链接),所以 Link Discoverer 默认的搜索深度为 4 层,也可根据实际需要手动设定。

3.DNS 设定

为了减少通信量,在支持 IP 访问的站点,Link Discoverer 可以缓存 DNS,而不需要每次都调用 DNS 服务器来解析地址。

Link Discoverer 把发现的链接分成 4 类,状态代码分别为 0～3。

(1)0:self‐link 或 pageURL,即内部链接或者页面地址。

(2)1:outlink,即向外链接。

(3)2:NOT FOUND link,发生未找到错误的链接(404)。

(4)3:unparsed entity link,外部未解析实体链接,如".rar"".mpeg"等文件。

概念上 NOT FOUND link 和 unparsed entity link 都属于 self‐link。

(二)链接和页面选取规则

超文本技术上要回答什么是链接很简单,Dale(英国生理学家、药理学家)对此做了如下定义:"链接是一个网页到另外一个网页的联系。"然而,从网络计量学中链接分析的角度来定义链接并不容易,并非所有技术上的链接都是对链接分析研究有意义的,在制定数据采集策略之前,必须明确哪些是链接分析意义上的链接。实际应用中链接的表现形式至少有七八种以上,而 Link Discoverer 只解析对链接分析有意义的三种链接,分别为锚链接、超链接和文本链接。它们的格式为:

$<a[var_1|var_2|var_x]href=url[var_{x+1}|var_2\cdots|var_n]>\cdots<A>$

$<iframe|frame[var_1|var_2\cdots|var_x]src=url[var_{x+2}|var_2\cdots|var_n]>\cdots</iframe|frame>$

$<area[var_1|var_2\cdots|var_x]href=url[var_{x+a}|var_2\cdots|var_n]>\cdots<area>$

有一点需要说明的是,还有一种自动跳转链接。例如,这种链接的主要功能是一定时延后从一个页面自动跳转到另外一个特定的页面。由于某些网站在个别页面上(如首页)采用了自动跳转技术,为了提高数据采集的全面性,Link Discoverer 也支持类似的链接跳转。

除了支持常见的各种网页格式,Link Discoverer 还支持一种非常重要的格式——无后缀名页面。现在很多高校都使用统一的 Web 发布平台,如新闻发布系统,这些情况下生成的 Web 页面大多是无格式的。新闻页面是网络环境下正式信息交流的一种很重要的信息载体,也是 Link Discoverer 的重点采集对象。

Link Discoverer 不访问". txt"文件等非超文本页面(在 web mention 或者 web citation 的研究中可能需要考虑文本文件和 PDF 等文件中内容的提取)。

(三)性能优化

任何一个 Crawler 系统的原理都很简单,但要设计一个功能完备、性能良好的 Crawler 系统却是很大的挑战,需要考虑很多方面的因素,如网络带宽、CPU、磁盘、存储系统和网络布局(分布式系统)等问题。为了节省计量分析中链接网络数据采集的软硬件成本和时间成本,对 Link Discoverer 的主要性能做了如下两方面的优化。

1. 缓存优化

计算机 CPU 处理速度飞速增长,可支持的内存容量也在不断增加,但硬盘的运行速度却变化不大。但无论如何,一个大规模 Crawler 系统都无法直接在内存中维护一个庞大的 URL 列表,大部分 URL 必须存放在外部存储设备(如硬盘)上。但从硬盘读取数据的速度要远远慢于内存,多次的硬盘 I/O① 必然会严重影响 Crawler 系统的效率,所以就需要科学的 URL 缓存策略来缓解内存不足和硬盘速度慢之间的矛盾。Link Discoverer 采用的是 LRU 优化算法,主要是因为 LRU 实现简单而且灵活,可以动态设定缓存大小,在运行中可根据启动的线程数和系统内存总量来决定每个线程所维护的 URL 列表的大小。

2. DNS 优化

为了减少和 DNS 服务器之间交互所消耗的时间和带宽,Link Discoverer 对访问的主机地址进行了缓存,如果遇到相同的主机,直接调用 DNS 缓存即可。当然,前提是该主机必须支持 IP 直接访问。此外,Link Discoverer 还支持反向解析。如果遇到主机名是 IP 地址表示的 URL,为了判断是 selflink 还是 outlink,Link Discoverer 会把该 IP 反向解析成域名,再判断其属于哪个域,而不是笼统地给一个 outlink 的分类代码。域名反向解析的前提是 DNS 服务器必须支持反向解析,即 DNS 服务器上存有反向解析文件(有的可能没有)。

理论上,Link Discoverer 可以完全采用全自动的方式进行网络链接信息采集,但为了达到好的效果,必然要对部分链接进行过滤。虽然系统中嵌入了禁止搜索关键字,但各个网站的内容纷繁复杂,要设置一个完全通用的链接过滤规则

---

① 所谓 I/O,就是"Input/Output"(输入/输出)的意思,CPU 与外界的所有交互,都叫做 I/O。

是不现实的。Link Discoverer 中设置了相应的规则,允许手动添加禁止搜索关键字。

Link Discoverer 和 CheckWeb、离线浏览等链接分析工具无论是设计理念,还是实现方法和技术都有不同。

在功能上,CheckWeb 只能进行指定主机范围内的爬行,而不支持在指定区域内的爬行。将离线浏览软件和数据挖掘软件相结合来获取链接数据的方法有很多缺陷,如信息提取和网页过滤等问题。在灵活性和可扩展性方面,CheckWeb 和离线浏览工具都不支持可扩展的 URL 过滤机制,Link Discoverer 可支持采用相对灵活的方法来设定数据采集规则、网页 URL 过滤规则等。在效用性方面,CheckWeb 基本不可能满足大规模链接分析研究的要求,与离线浏览工具一样也需要数据挖掘工具来解析出链接数据。在数据的可再现性方面,现有的工具都不具备数据的可再现能力。虽然链接分析研究中不具备数据的可再现性,但数据采集的策略和手段却是可再现的。要对网络爬行系统的科学性进行验证,只要结合爬行策略和资源对象范围,就能够做出合理的判断。实验研究表明,Link Discoverer 在功能性、灵活性、可扩展性和效用性上都表现良好,基本满足了链接分析的研究需要,并且在分析方法上实现了一定突破。

第二节 PageRank 工具

PageRank 是一种不容易被欺骗的计算 Web 网页重要性的工具。Google 的 PageRank 根据网站的外部链接和内部链接的数量和质量来衡量网站的价值。每个到页面的链接都是对该页面的一次投票,被链接得越多,就意味着被其他网站投票越多。这个就是所谓的链接流行度,即衡量多少人愿意将他们的网站和某一指定网站挂钩。PageRank 这个概念引自学术中一篇论文的被引述的频度,一般被别人引述的次数越多,则判断这篇论文的权威性就越高。

一、PageRank 简介

Google 有一套自动化方法来计算这些投票。Google 的 PageRank 分值从 0 到 10,PageRank 为 10 表示最佳,但非常少见;PageRank 级别也不是线性的,而是服从一种指数刻度。这是一种奇特的数学术语,意思是 PageRank4 不是比 PageRank3 好一级而可能会好 6～7 倍。因此,一个 PageRank5 的网页和 PageRank8 的网页之间的差距可能会比人们认为的要大得多。

PageRank 较高的页面的排名往往要比 PageRank 较低的页面高,而这导致了人们对链接的着迷。在整个搜索引擎优化(Search Engine Optimization,

SEO)社区,人们忙于争夺、交换、甚至销售链接,它是过去几年来人们关注的焦点,以至于 Google 修改了它的系统,并开始放弃某些类型的链接。例如,被人们广泛接受的一条规定,来自缺乏内容的"linkfarm"(链接工厂)网站的链接将不会提供页面的 PageRank,从 PageRank 较高的页面得到链接但是内容不相关(如某个流行的漫画书网站链接到一个叉车规范页面),也不会提供页面的PageRank。Google 选择降低了对 PageRank 的更新频率,以便不鼓励人们不断地监测 PageRank。

Google PageRank 一般一年更新四次,所以刚上线的新网站不可能获得网页级别(PageRank,PR)值。某网站很可能在相当长的时间里看不到 PR 值的变化,PR 值暂时没有,这不是什么不好的事情。

网站获取外部链接是一件好事,但是无视其他 SEO 领域的工作而进行急迫的链接建设是浪费时间,要时刻保持一个整体思路并记住以下几点:

第一,Google 的排名算法并不是完全基于外部链接的;

第二,高 PageRank 并不能保证 Google 上的高排名;

第三,PageRank 值更新得比较慢,今天看到的 PageRank 值可能是三个月前的值。

不鼓励刻意地去追求 PageRank,因为决定排名的因素有上百种。尽管如此,PageRank 还是一个用来了解 Google 网站页面如何评价的相当好的指示。Anzone 建议网站设计者要充分认识 PageRank 在 Google 判断网站质量中的重要作用,从设计前的考虑到后期网站更新都要给予 PageRank 足够的分析。

PageRank 是一个函数,其对 Web 中(或者至少为抓取并发现其中链接关系的一部分 Web 网页)的每个网页赋予一个实数值。它的意图在于,网页的PageRank 越高,那么它就越重要。并不存在一个固定的 PageRank 分配算法。实际上,一些基本方法的变形能够改变任意两个网页的相对 PageRank 值。首先给出最基本也是最理想的 PageRank 的定义,然后给出面对真实 Web 结构时对基本 PageRank 所做的必要修改。

可以将 Web 想象成一个有向图,其中网页为图中节点,如果网页 P_1 到 P_2 之间存在一条或者多条链接,则 P_1 到 P_2 存在一条有向边。图 3-2-1 给出了一个非常小版本的 Web 图的例子,该图只包括 4 个网页,页面 A 到其他 3 个页面 B、C、D 都存在链接,页面 B 只链向 A 和 D,页面 C 只链向 A,而页面 D 只链向 B 和 C。

假定一个随机冲浪者(此处指上网者)从图 3-2-1 所示的页面出发,由于A 链向 B、C 和 D,所以它会以各 1/3 的概率分别访问 B、C 和 D,但是下一步继续访问 A 的概率为 0。同样,到达 B 点的随机冲浪者下一步会分别以 1/2 的概率访问 A 和 D,而到 B 或 C 的概率为 0。

一般地,可定义一个 Web 转移矩阵来描述随机冲浪者的下一步访问行为。如果网页数目为 n,则该矩阵 M 为一个 n 行 n 列的方阵。如果网页 j 有 k 条出链,那么对每一个侧边链向的网页 i,矩阵第 j 列的矩阵元素 M_{ij} 值为 $1/k$ 而其他网页的 $M_{ij}=0$。

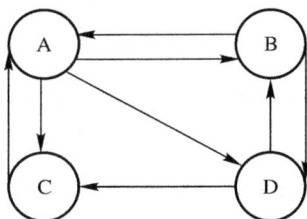

图 3-2-1   一个设想的 Web 例子示意图

例如,有对应的 Web 转移矩阵为

$$M=\begin{bmatrix} 0 & \dfrac{1}{2} & 1 & 0 \\ \dfrac{1}{3} & 0 & 0 & \dfrac{1}{2} \\ \dfrac{1}{3} & 0 & 0 & \dfrac{1}{2} \\ \dfrac{1}{3} & \dfrac{1}{2} & 0 & 0 \end{bmatrix}$$

该矩阵中,页面按照最自然的 A、B、C、D 来排序。因此,第 1 列表示的是上面所提到的事实,即处于 A 的随机冲浪者将以各 $1/3$ 的概率访问其他 3 个网页。第 2 列表示 B 处的冲浪者将以各 $1/2$ 的概率访问 A 和 D。第 3 列表示 C 处的冲浪者下一步一定会访问 A。最后一列表示 D 处的冲浪者下一步将以各 $1/2$ 的概率访问 B 和 C。

随机冲浪者位置的概率分布可以通过一个 n 维列向量来描述,其中向量中的第 j 个分量代表冲浪者处于网页 j 的概率,为理想化的 PageRank 函数值。

假定随机冲浪者处于 n 个网页的初始概率相等,那么初始的概率分布向量即为一个每维均为 1 的 n 维向量 v_0。假定 Web 转移矩阵为 M,则第 1 步之后随机冲浪者的概率分布向量为 Mv_0,第 2 步之后的概率分布向量为 $M(Mv_0)=M^2v_0$,其余以此类推。总的来说,随机冲浪经过 i 步之后的位置概率分布向量为 M^iv_0。

为了理解当前概率分布为 v 时下一步的概率分布为 $x=Mv$,下面给出相关

的推导过程。假定随机冲浪者下一步处于节点 i 的概率为 x_i，那么

$$x_i = \sum_j m_{ij} v_j$$

式中：m_{ij} 表示处于节点 j 的冲浪者下一步访问节点 i 的概率（因为 j 到 i 不存在链接，所以该概率经常为 0）；v_j 表示当前处于节点 j 的概率。

上述行为实际上是一个被称为马尔可夫过程（Markov process）的古典理论的例子。众所周知，如果满足下列两个条件，则随机冲浪者的分布将逼近一个极限分布 V，该分布满足 $V = Mv$：

条件一：图为强连通（strongle connected）图，即可以从任一节点到达其他节点。

条件二：图不存在终止点（deal - end），即不存在出链的节点。

当 M 乘上当前概率分布向量之后，值不再改变时就达到了极限。对于这一点，也可采用其他的表达方式。我们知道，矩阵 M 的特征向量（eigenvector）是指对于某个特征值（eigenvalue）λ 满足 $v = \lambda MV$ 的向量 V。而前面提到的极限向量 v 正好为转移矩阵 M 的特征向量。实际上，由于 M 为一个随机向量，即它的每一列之和为 1，此时 v 为 M 的主特征向量（principal eigenvector，即最大特征值对应的特征向量），其对应主特征向量的最大特征值为 1。

M 的主特征向量给出的是长时间后冲浪者最可能处于的位置。回想一开始提到的内容，PageRank 表示的直观意义是指冲浪者处于某个页面的概率越大，则该页面越重要。这样可以从初始向量 v_0 出发，不断左乘矩阵直到前后两轮迭代产生的结果向量差异很小时停止，从而得到 M 的主特征向量。实际中，对于 Web 本身而言，错误控制在双精度的情况下，迭代 50～75 次已经足够收敛。

二、相关算法

（一）PageRank

PageRank 的基本思想为：如果网页 T 存在一个指向网页 A 的链接，则表明 T 的所有者认为 A 比较重要，从而把 T 的一部分重要性得分赋予 A。这部分重要性的分值为 PR(T)/C(T)。其中，PR(T) 为 T 的 PageRank 值，C(T) 为 T 的出链数，则 A 的 PageRank 值为一系列类似于 T 的页面重要性的分值的累加。

优点：PageRank 是一个与查询无关的静态算法，所有网页的 PageRank 值通过离线计算获得；有效减少在线查询时的计算量，极大降低了查询响应时间。

不足：人们的查询具有主题特征，PageRank 忽略了主题相关性，导致结果的相关性和主题性降低；PageRank 对新网页的歧视很严重。

(二)Topic‑Sensitive PageRank(主题敏感的 PageRank)

主题敏感的 PageRank 的基本思想为：针对 PageRank 对主题的忽略而提出。核心思想为：通过离线计算出一个 PageRank 向量集合，该集合中的每一个向量与某一主题相关，即计算某个页面关于不同主题的得分。主要分为两个阶段：主题相关的 PageRank 向量集合的计算和在线查询时主题的确定。

优点：根据用户的查询请求和相关上下文判断用户查询相关的主题(用户的兴趣)返回查询结果准确性高。

不足：没有利用主题的相关性来提高链接得分的准确性。

(三)Hilltop

Hilltop 与 PageRank 的不同之处是仅考虑专家页面的链接。主要包括两个步骤：专家页面搜索和目标页面排序。

优点：相关性强，结果准确。

不足：专家页面的搜索和确定对算法起关键作用，专家页面的质量决定了算法的准确性，而专家页面的质量和公平性难以保证；忽略了大量非专家页面的影响，不能反映整个 Internet 的民意；当没有足够的专家页面存在时，返回的结果为空，所以 Hilltop 适合对查询排序进行求精。

三、影响因素

影响 PageRank 的因素主要有以下几个：

第一，与 PageRank 高的网站做链接；

第二，与内容质量高的网站做链接；

第三，加入搜索引擎分类目录；

第四，加入免费开源目录；

第五，链接出现在流量大、知名度高、频繁更新的重要网站上；

第六，Google 对 PDF 格式的文件比较看重；

第七，安装 Google 工具条；

第八，域名和 title 标题出现关键词与 meta 标签等；

第九，反向链接数量和反向链接的等级；

第十，Google 抓取网站的页面数量，导出链接数量。

第三节　搜索引擎

互联网发展早期,以雅虎为代表的网站分类目录查询非常流行。网站分类目录由人工整理维护,精选互联网上的优秀网站,并简要描述,分类放置到不同目录下。用户查询时,通过一层层地单击来查找自己想找的网站。也有人把这种基于目录的检索服务网站称为搜索引擎。1990 年,加拿大麦吉尔大学(University of McGill)计算机学院的师生开发出 Archie。当时万维网(World Wide Web)还没有出现,人们通过 FTP 来共享交流资源。Archie 能定期搜集并分析 FTP 服务器上的文件名信息,提供查找分布在各个 FTP 主机中的文件。用户必须输入精确的文件名进行搜索,Archie 告诉用户哪个 FTP 服务器能下载该文件。虽然 Archie 搜集的信息资源不是网页(HTML 文件),但和搜索引擎的基本工作方式一样,即自动搜集信息资源、建立索引、提供检索服务。

一、概述

(一)搜索引擎的原理

从字面意义上来解释,搜索引擎是用于帮助互联网用户查询信息的搜索工具,它以一定的策略在互联网中搜集、发现信息,对信息进行理解、提取、组织和处理,并为用户提供检索服务,从而起到信息导航的目的。

不过在早期,互联网上的搜索引擎和今天使用的搜索引擎有所不同。早期的搜索引擎更像是我们今天很多中文"ICP 网站",即把因特网中的资源服务器的地址收集起来,由其提供的资源类型的不同而分成不同的目录,再一层层地进行分类。人们要找自己想要的信息可按分类一层层进入,就能最后到达目的地,找到自己想要的信息。这其实是最原始的方式,只适用于因特网信息并不多的时候,因为如果信息一旦多起来,查找所花费的时间就会很长。

简单地说,搜索引擎的原理起源于传统的信息全文检索理论,即计算机程序通过扫描每一篇文章中的每一个词,建立以词为单位的排序文件,检索程序根据检索词在每一篇文章中出现的频率和每一个检索词在一篇文章中出现的概率,对包含这些检索词的文章进行排序,最后输出排序的结果。互联网搜索引擎除了需要有全文检索系统之外,还要有所谓的"蜘蛛"(SPIDER)系统,即能够从互联网上自动收集网页的数据搜集系统。蜘蛛系统被 Michael Mauldin 融合到 Lycos 搜索引擎里面,它能够将搜集所得的网页内容交给索引和检索系统处理,形成常见的互联网搜索引擎系统。当然,一个完整的搜索引擎系统还需要有一个检索结果的页面生成系统,也就是要把检索结果高效地组装成万维网页面。

(二)搜索引擎的历史

　　说到搜索引擎的历史,自然不能不说雅虎(Yahoo)了。正如计算机时代的很多新事物一样,雅虎起源于一个想法,随后变成一种业余爱好,最终成了使人全身心投入的一项事业。雅虎的两位创始人大卫·费罗(David Filo)和杨致远(Jerry Yang)是美国斯坦福大学电机工程系的博士生,他们于1994年4月建立了自己的网络指南信息库,将其作为记录他们个人对互联网的兴趣的一种方式。但是不久,他们将Yahoo变成了一个可定制的数据库,旨在满足成千上万的、刚刚开始通过互联网社区使用网络服务的用户的需要。他们开发了可定制的软件,帮助用户有效地查找、识别和编辑互联网上存储的资料。最初Yahoo存放在杨致远的学生工作站akebono上,而搜索引擎存放在Filo的计算机konishiki上(这些计算机的名称都来自于一些具有传奇色彩的夏威夷摔跤手),令人意想不到的是,雅虎大受欢迎,斯坦福大学的计算机网络由此受到来自外界的大浏览量的冲击。1995年初,Netscape Communications公司邀请大卫·费罗和杨致远将他们的文件转移到Netscape公司提供的更大的计算机上。这一做法不仅使斯坦福大学的计算机网络恢复了正常,而且令双方都有所受益。今天,雅虎含有链接到互联网上的成千上万台计算机中存储的信息。

　　从1994年4月中国科学院网首次与Internet互联开始,中文搜索引擎的发展速度就非常惊人,中国台湾和香港地区加入互联网的时间较早,建立和发展中文搜索引擎的历史较长,其发展速度也很快。在中国,内地的中文搜索引擎以天网、搜狐、网易、新浪搜索等为代表;台湾的中文搜索引擎以Openfmd、奇摩、盖世引擎等为代表;香港的中文搜索引擎以茉莉之窗、网上行、悠游等为代表。国际上一些大型的搜索引擎公司也纷纷加入中文搜索引擎市场,最具代表性的是Alta Vista、Yahoo(中文简体版和繁体版)和Excite。

(三)搜索引擎与网页的完美结合

　　随着网上内容的爆炸式增长和内容形式花样的不断翻新,搜索引擎越来越不能满足挑剔的网民们的各种信息需求。目前的搜索引擎仍然存在不少的局限性。从1996年起,搜索引擎技术开始注重网页质量与相关性的结合,这主要是通过三种手段:第一,对网上的超链接结构进行分析,如Infoseek和Google;第二,对用户的点击行为进行分析,如Directhit(一种人工操作目录索引的美国搜索引擎,被Ask Jeeves收购);第三,与网站目录相结合。

(四)搜索引擎的搜索趋势

搜索引擎最新的趋势是搜索的个性化和本地化。

1. 个性化

入门网站的个性化已经比较成熟了,但是搜索引擎的个性化并没有得到解决,不同的人使用相同的检索词得到的结果是相同的。也就是说,搜索引擎没有考虑人的地域、性别、年龄等方面的差别。

2. 本地化

本地化是比个性化更明显的趋势。随着互联网在全球的迅速普及,综合性的搜索引擎已经不能满足很多非美国网民的信息需求。近年来,Yahoo、Inktomi、Lycos 等公司不断推出各国、各地区的本地搜索网站,搜索的本地化已经势不可挡。

(五)搜索引擎的未来

1. 自然语言理解技术

自然语言理解是计算机科学中一个引人入胜、富有挑战性的课题。从计算机科学,特别是从人工智能的观点来看,自然语言理解的任务是建立一种计算机模型,这种计算机模型能够像人那样理解、分析并回答。以自然语言理解技术为基础的新一代搜索引擎,我们称之为智能搜索引擎。由于它将信息检索从目前基于关键词层面提高到基于知识(或概念)层面,对知识有一定的理解与处理能力,能够实现分词技术、同义词技术、概念搜索、短语识别以及机器翻译技术等,因而,这种搜索引擎具有信息服务的智能化、人性化特征,允许网民采用自然语言进行信息的检索,为他们提供更方便、更确切的搜索服务。

2. P2P 对等网络

P2P 是 Peer-to-Peer 的缩写,意为对等网络。其在加强网络上人的交流、文件交换、分布计算等方面大有前途。长久以来,人们习惯的互联网以服务器为中心。人们向服务器发送请求,然后浏览服务器回应的信息。而 P2P 所包含的技术就是使互联网计算机能够进行数据交换,但数据存储在每台计算机里,成员可以在网络数据库里自由搜索、更新、回答和传送数据。所有人共享了他们认为最有价值的数据,这将使互联网上信息的价值得到极大的提升。

3. 多媒体搜索引擎

随着宽带技术的发展,未来的互联网是多媒体数据的时代。开发出可查询图像、声音、图片和电影的搜索引擎是一个新的方向。目前,瑞典一家公司已经研制推出被称为"第五代搜索引擎"的动态的和有声的多媒体搜索引擎。图像、视频将很快取代文本成为互联网上主要的信息。

二、通用型搜索引擎

通用型搜索引擎,又称综合性引擎,信息覆盖范围大,用户广泛,如 Google、百度等。它们通常使用一个或多个 Web 信息提取器(网络蜘蛛)从 Internet 上收集各种数据(如 WWW、News、FTP),然后在自身服务器上为这些数据创建索引,当用户搜索时,根据用户提交的查询条件从索引库中迅速查找出满足条件的信息返回给用户。

(一)通用型搜索引擎的分类

通用型搜索引擎按照信息搜集方法和服务提供方式的不同,可分为以下三种。

1.全文搜索引擎

全文搜索引擎是指能够对网站的每个网页的每个单子进行检查的搜索引擎,由此可见它是基于网页级的,如 Google、百度。在信息获取方式上,全文搜索引擎必须有一个网络蜘蛛来获取网页内容,从而建立此网页的全文索引。它的特点是查全率高、查准率低、搜索范围较广、提供的信息多而全、缺乏清晰的层次结构。

2.分类目录搜索引擎

分类目录搜索引擎将网络信息加以归类,利用传统的信息分类方式来组织信息,用户按照分类查找信息,因此它是基于网站级的。

在信息获取方式上,它们并不主动采集网站的任何信息,而利用各网站向搜索引擎提供网站信息时填写的关键词和网站描述等资料,通过人工审核编辑,如果符合网站登录的条件,则输入数据库以供查询。雅虎即为其中的典型代表,国内的搜狐、新浪等搜索引擎也是从分类目录发展起来的。因此,从信息获取角度看,这种搜索引擎算不上真正的搜索引擎。它的特点为网页丰富、查准率较高、查全率低、搜索范围窄、层次结构清楚。

3.元搜索引擎

元搜索引擎为一种使用其他独立搜索引擎的引擎。元搜索引擎并不像全文搜索引擎那样拥有自己的索引数据库,而是当用户提交搜索申请时,通过对多个独立搜索引擎的整合和调用,然后按照元搜索引擎自己设定的规则将搜索结果进行取舍和排序并反馈给用户。因此,从信息获取角度看,这种"搜索引擎"也算不上真正的搜索引擎。

从用户的角度来看,利用多元搜索引擎的优点在于可以同时获得多个源搜索引擎(即被元搜索引擎用来获取搜索结果的搜索引擎)的结果,但由于元搜索引擎在信息来源和技术方面都存在一定的限制,因此搜索结果实际上并不理想。目前,尽管有数以百计的多元搜索引擎,但还没有一个能像 Google 等独立搜索引擎那样受到用户的广泛认可。

(二)关键技术

1.信息获取

网上信息收集和存储一般为人工和自动两种方式。人工方式采用传统信息收集、分类、存储、组织和检索的方法。人工方式是指研究人员对网站进行调查筛选、分类、存储,再由专业人员手工建立关键字索引,再将索引信息存入计算机相应的数据库中。自动方式通常由搜索程序完成信息的获取,搜索程序(如 robot、spider 等)为一种自动运行的软件,其功能为搜索 Internet 上的网站或网页。这种软件定期在 Internet 上漫游,通过网页间的超链接搜索新的地址,当遇到新的网页时,就索引该页并把它加到搜索引擎的数据库中,因此搜索引擎的数据库得以定期更新。一般来说,人工方式收集信息的准确性要优于搜索程序,但其收集信息的效率和信息覆盖面要低于搜索程序。

当进行自动信息收集时,怎样遍历 Internet,怎样提高 Internet 的遍历效率,怎样下载资源内容以及资源内容的字符编码处理等都是搜索程序需要解决的问题。当前,很多站点在传输 Web 页时采用了不同的压缩算法以提高传输速度,怎样将下载的 Web 页内容解压缩也是搜索程序需要解决的问题。

2.信息索引

信息索引即为创建文档信息的特征记录,以使用户能够快捷地检索到所需信息。一个搜索引擎的有效性很大限度上取决于索引的质量,所以信息索引为搜索引擎的核心,而建立索引主要涉及以下几个问题。

第一,信息语词切分和词语词法分析。语词为信息表达的最小单位。对于英文来讲,语词为英语单词,比较容易提取,因为单词间有天然的分隔符(空格)。而对于中文等连续书写的语言,则必须进行语词切分。由于语词切分中存在切分歧义,切分需要参考各种上下文知识。词语词法分析是为了识别出各个词语的词干,以便根据词干建立信息索引。

第二,进行词性标注。词性标注是指利用基于规则和统计(马尔可夫链)的数学方法对语词进行标注。基于马尔可夫链随机过程的元语法统计分析在词性标注中能达到较高的精度,可以利用多种语法规则识别出重要的短语结构。

第三,索引器的索引算法。索引器可以采用集中式索引算法或分布式索引算法。当数据量很大时,必须实现即时索引(Instant Indexing),否则不能够跟上信息量急剧增加的速度。索引算法对索引器的性能(如大规模峰值查询时的响应速度)有很大影响。

第四,建立检索项索引。使用倒排文件的方式建立检索项索引,一般包括"检索项""检索项所在文件位置信息"以及"检索项权重"。

另外,如今 Internet 上发布的信息格式多种多样,这就要求搜索引擎提供格式转换功能,将.doc、.ppt、.pdf 等非纯文本格式文档进行格式转换,获取文字内容,从而对文档进行索引。

3.信息检索

信息检索是指从信息索引库中获得与要求最接近的记录,其主要技术包括对用户提交关键词的基本截词[①]、布尔逻辑组配、词位限制等。

能否将最满足用户需求的结果最先展现给用户,为一个搜索引擎能否在商业上取得成功的关键,因此搜索引擎还要对检索结果进行排序。排序的主要根据是待选网页与查询条件的匹配度。匹配度越高,相关度就越高,排序就越靠前。常用的匹配算法有布尔模型、模糊逻辑模型、向量空间模型、概率检索模型。

(三)组成原理

由于分类目录搜索引擎和元搜索引擎算不上真正的搜索引擎,这里对它们不做深入探讨,将重点介绍全文搜索引擎的组成和实现原理。

全文搜索引擎位于信息检索系统层次的底层,以 Web 信息为处理对象,虽然各个搜索引擎具体实现不尽相同,但一般包括 5 个基本部分,即 robot、解析器、索引器、检索器和用户接口,如图 3-3-1 所示。

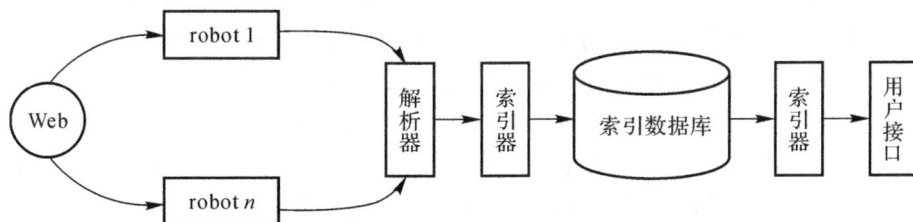

图 3-3-1　全文搜索引擎的组成

---

① 截词是指在检索词的合适位置进行截断,然后使用截词符进行处理,这样既可节省输入的字符数目,又可达到较高的查全率。

1. robot(spider/crawler/wander)

采用广度优先(或深度优先)策略对 Web 进行遍历并下载文档,robot 系统中维护一个超链接队列(或堆栈),其中包括一些起始 URL,robot 从这些 URL 出发,下载相应的页面,并从中抽取出新的超链接加入队列(或者堆栈)中,robot 不断重复上述过程直到队列(或者堆栈)为空。为了提高网页抓取效率,搜索引擎中一般会有多台服务器并行地遍历不同的 Web 子空间。目前,大多数的 robot 并不能够访问基于框架的 Web 页面和需要访问权限的页面以及动态生成的页面。

在 Internet 中,信息是使用 HTML 语言描述的,不同的 HTML 页面通过其中所包含的超链接互相连接。这些超链接是以 URL 的方式被表示出来的。依靠这些相互指向的 URL,Internet 中的信息形成了一个巨大的信息网络。在 Internet 中,人们用 URL 来定位具体的信息资源。robot 程序从一个起始的 URL 集合开始,顺着 URL 中的超链接在互联网中搜集信息。这些起始 URL 的选取通常为一些质量较高、非常流行、含有很多超链接的站点,如新浪、搜狐、雅虎等门户网站。一个 URL 定义一个源文件,robot 将其全部抓回并交给解析器进行解析处理。

robot 程序通过 HTTP 协议获取指定 URL 的资源,而且其在进行网页搜集时遵循一定的协议,对于那些不愿意被访问的网页会做一定的标明,robot 将不会抓取这样的网页,因此 robot 也被称为网络中的君子。

2. 解析器

解析器对 robot 下载的文档进行分析以用于索引。文档分析技术一般包括分词、过滤和转换等。这些技术往往与具体的语言以及系统的索引模型密切相关。在分词时,大部分搜索引擎的解析器从全语言中抽取词条,而有些则仅从文档的某些部分(如 title、header)中抽取。词条的类型也有多种,包括字、词或短词等。分词后通常要使用禁用词表(stop list)来去除出现频率很高的词条,有些系统还对词条进行单复数转换、词频去除、同义词转换等工作。

分析程序通过一些特殊算法,从 robot 程序抓回的网页源文件中抽取主题词,并给其赋予不同的权值,以表明这些主题词网页内容的相关程度,判断网页内容。如一篇文章的题目往往能够概括文章的核心内容,其必须被赋予一个较高的权值。

同时,解析程序将此网页中的超链接提取出来,返回给搜集程序,以便 robot 进一步在 Web 上深入搜集信息。

解析程序的目的是从一个 URL 到相应网页主题词建立一种关联,并通过对主题词的提取和分析,判断该网页所描述的信息。但是,按照终端用户搜索习惯通常都是从一个关键词入手查找相应的网页,而在解析器中形成的对应关系恰恰相反,这个问题将留给索引器完成。

3. 索引器

索引器将文档表示为一种便于检索的方式存储在索引数据库中。索引的质量为 Web 信息检索系统成功的关键因素。一个好的索引模型应该易于实现和维护,检索速度快,空间需求低。搜索引擎普遍借鉴了传统信息检索中的索引模型,包括倒排文档、矢量空间模型、概率模型等。

4. 检索器

检索器从索引库中找出和用户查询请求相关的文档。首先,采用和解析、索引文档类似的方法来处理用户查询请求。例如,在矢量空间索引模型中,用户查询也被表示为一个范化矢量。其次,按照某种方法来计算用户查询与索引数据库中的每个文档间的相关度。例如,在矢量空间索引模型中,相关度可表示为查询矢量与文档矢量间的夹角余弦。最后,将相关度大于阈值的所有文档按照相关度递减的顺序排列,并返回给用户。

5. 用户接口

用户接口为用户提供可视化的查询输入和结果输出界面。在查询输入界面中,用户按照搜索引擎查询语法指定待检索词条及各种简单、高级检索条件。在输出界面中,搜索引擎将检索结果展现为一个线性的文档列表。由于检索结果中相关文档和不相关文档混杂,用户需要人工浏览以找出所需文档。

三、主题型搜索引擎

主题型搜索引擎,又称专业搜索引擎,主要提供某一主题或学科领域的 Web 信息,信息覆盖范围小,仅适用于某一特定用户群,如 Softseck、Torrentspy 等。

主题型搜索引擎和通用型搜索引擎存在巨大的差别,具体如下:

第一,服务目的不同。通用型搜索引擎面向大众用户,主题型搜索引擎则面向专业用户。

第二,搜索方式不同。通用型搜索引擎以遍历整个 Web 为目标,主题型搜索引擎则采用一定的策略对相关网页进行预测,动态调整网络蜘蛛的爬行方向,使系统尽可能围绕设定主题进行爬行,从而节约网络资源。

第三,硬件要求不同。通用型搜索引擎对硬件要求非常高,主题型搜索引擎要求低。下面详细介绍主题型搜索引擎。

(一)产生背景

通用型搜索引擎的出现在很大程度上解决了人们在互联网上查找信息的困难,但由于其覆盖一切、追求普适的设计目标,已经不能满足人们对个性化信息检索服务日益增长的需要。目前,通用型搜索引擎在使用中面临着较多待解决的问题:第一,超大规模的分布式数据源。Web 信息分布在数以亿计的互联网上,搜索起来非常困难,搜索引擎很难索引所有 Web 资源。第二,Web 信息的质量问题。互联网上的信息无论是数量还是类型都呈现出指数增长的趋势,这导致搜索引擎的实时性很难保证。第三,搜索要求的精度表达问题。在信息搜索领域,一个突出的问题为:用户很难简单地用关键字来准确地表达它所需要的真正信息,表达的困难将导致检索结果不理想。第四,搜索引擎的硬件要求越来越高。由于 Web 信息的海量性,搜索引擎要对这么大量的信息进行抓取、索引,同时有相应大量用户的查询请求,需要有众多的服务器协作完成信息获取、索引、存储,处理用户查询请求。

近年来,科学技术在国民经济中的带动作用越发明显,各产业的科技含量也在不断提高。怎样为科技工作者提供新的科技信息,对科技和经济发展都是至关重要的。由此,对搜索引擎提出了新的要求:第一,搜索引擎能运行在普通的软硬件基础之上;第二,只搜集某一特定学科领域的 Internet 信息资源;第三,能够方便地运行搜索主题和学科的自定义搜索配置。

为满足以上要求,主题型搜索引擎应运而生。

(二)关键技术

1.两个难点

其一,起始种子站点和词库的设置。因为主题型引擎并不遍历整个 Web,所以起始站点集合的设置显得非常重要。词库作为评价网页是否与主题相关的标准关键词的集合,它的合理配置将对检索结果的准确性产生直接影响。

其二,搜索效率的考虑。由于要进行有选择性的 Web 信息提取,由此带来的主题相关性判断会直接影响搜索引擎的工作效率。

此外,主题信息的表示、信息的提取、信息的过滤和主题相关性站点的选择策略都是系统实现的难点。

2.两种技术

其一,基于内容的搜索。此类检索方式为传统信息检索技术的延伸。它的主要方式为在搜索引擎内部建立一个主题对应的关键词表,搜索引擎的爬行器根据其内设的关键词集合对网上信息进行索引。

其二,基于链接结构分析的检索。一些学者认为,互联网上的网页间的链接关系同社会关系网络中的人际关系存在着很多相似的地方。通过对链接结构进行分析,可找出网页间的引用关系。由于引用网页与被引用网页内容上一般都比较相关,所以可按照引用关系将大量网页分类。

(三)研究现状

目前,有关主题型搜索引擎的研究正在成为一个热点研究领域,一大批主题性的搜索引擎像雨后春笋般涌现,如军事医学主题搜索引擎、林业主题搜索引擎、健康主题搜索引擎等。随着信息多元化的增长,千篇一律地给所有用户同一个入口显然已经不能满足特定用户更深入的查询需求。同时,这样的通用搜索引擎在目前的硬件条件下,要定时更新以得到互联网上较全面的信息是非常困难的。针对这种情况,需要一个分类细致精确、数据全面深入、更新及时的面向主题的搜索引擎。由于主题搜索运用了人工分类以及特征提取等智能优化策略,所以它将比上面提到的搜索引擎更加有效和准确。主题搜索已经被引入该领域。

基于本体论(Ontology)的搜索开始出现。一个本体强制相关领域的本质概念,同时强调概念间的本质联系,以本体为基础建立主题搜索引擎的关键词表可以更好地显示一个领域中的各个概念及它们之间的关系,从而更好地表现一个主题。

一些学者提出了概念空间的理论,用概念空间来描述主题,实现语义索引。概念空间为某个领域中一组对象概念的集合,并且在这组概念间存在一定的语义上的联系。

四、性能指标

从本质上说,Web 信息的搜索为一个信息检索问题,即在由 Web 网页组成的文档集中检索出满足用户查询需求的文档,所以可以用召回率(Recall)和精度(Precision)来衡量传统信息检索系统的性能。

召回率为检索出的相关文档数和文档库中所有的相关文档数的比率,衡量的是系统的查全率。对于一个检索系统来讲,查全率和查准率通常是相互矛盾的。对于目前的搜索引擎系统来讲,很难搜集到所有的 Web 网页,所以召回率很难计算。

精度是各个搜索引擎最为关心的指标。以 Google 为例,其通过不断优化自己的文档和查询的表示方法、关键字相关性的匹配策略和查询结果的排序方法等一系列相关措施,使 Google 具有较高的查准率,从而得到用户的认可。

第四章　HDFS存储海量数据技术

第一节　HDFS技术设计结构

HDFS是一个主/从（Master/Slave）体系结构。HDFS集群有一个名字节点（NameNode）和一些数据节点（DataNode）。NameNode管理文件系统的元数据，DataNode存储实际的数据。客户端通过同NameNode和DataNode的交互访问文件系统。客户端联系NameNode以获取文件的元数据，而真正的文件I/O操作是直接和DataNode进行交互的。

一、HDFS的特点

下面从硬件故障、流式的数据访问、简单一致性模型、移动计算比移动数据更经济、轻便地访问异构的软硬件平台、名字节点和数据节点以及文件命名空间七个方面讨论HDFS的特点。

(一)硬件故障

硬件故障是常态，而不是异常。整个Hadoop分布式文件系统（Hadoop Distributed File System，HDFS）由数百或数千个存储着文件数据片段的服务器组成。实际上它里面有非常巨大、复杂的组成部分，每一个组成部分都会频繁地出现故障，这就意味着HDFS里的一些组成部分总是失效的，因此故障的检测和自动快速恢复是HDFS一个核心的结构目标。

(二)流式的数据访问

运行在HDFS之上的应用程序必须流式地访问它们的数据集，其不是典型地运行在常规的文件系统之上的常规程序。HDFS被设计成适合批量处理的，而不是用户交互式的。重点在于数据的吞吐量，而不是数据访问的反应时间，可移植操作系统接口（Portable Operating System Interface，POSIX）不需要强制性的需求应用，去掉POSIX的很多关键性地方的语义以获得更好的数据吞吐率。大数据集运行在HDFS之上的程序有大量的数据集。这意味着典型的

HDFS 文件是吉字节(GB)级到太字节级的大小,所以 HDFS 能够很好地支持大文件。其应该提供很高的聚合数据带宽,应该一个集群中支持数百个节点,每个节点支持数千万的文件。

(三)简单一致性模型

大部分的 HDFS 程序对文件操作的需要是一次写入、多次读取的。一个文件一旦创建、写入、关闭后就不需要再修改了。这个假定简单化了数据一致的问题和高吞吐量的数据访问。Map Reduce 程序或者网络程序都非常完美地适合这个模型。

(四)移动计算比移动数据更经济

靠近要被计算的数据所存储的位置来进行计算是最理想的状态,尤其是在数据集非常巨大的时候。这样,就消除了网络的拥堵,提高了系统的整体吞吐量。这个假定就是使计算离数据更近比将文件移动到程序运行的位置更好。HDFS 提供了接口来让程序将自己移动到离数据存储位置更近的位置。

(五)轻便地访问异构的软硬件平台

HDFS 应该设计成这样一种方式,即简单轻便地从一个平台到另外一个平台,这将推动需要大数据集的应用更广泛地采用 HDFS 作为平台。

(六)名字节点和数据节点

HDFS 是一个主从结构的体系,每一个 HDFS 集群包含一个名字节点,它用来管理文件的命名空间和调节客户端访问文件的主服务器,还包含数据节点,用来管理存储。HDFS 暴露文件命名空间且允许用户数据存储成文件。HDFS 的内部机制是将一个文件分割成一个或多个块,这些块存储在一组数据节点中。名字节点操作文件命名空间的文件或目录操作,如打开、关闭、重命名等。其同时确定块与数据节点的映射。数据节点负责来自文件系统客户的读写请求。数据节点还要执行块的创建、删除和来自名字节点的块复制指示等操作。名字节点和数据节点都是软件,运行于普通的机器之上,机器都为 Linux。HDFS 是用 Java 来编写的,任何支持 Java 的机器都可以运行名字节点或数据节点,利用 Java 语言的超轻便型,很容易将 HDFS 部署到大范围的机器上。典型的部署是用一个专门的机器来运行名字节点软件,机群中的其他机器运行一个数据节点实例。体系结构排斥在一个机器上运行多个数据节点的实例,但是实际的部署不会出现这种情况。集群中只有一个名字节点极大地简化了系统的体系。名字节点是仲裁者和所有 HDFS 的元数据的仓库。系统设计成用户的实际数据不经过名字节点。

(七)文件命名空间

HDFS 支持传统的文件组织继承。一个用户或一个程序可以创建目录、存储文件到很多目录中。文件系统的名字空间层次和其他的文件系统相似,可以创建、移动文件,将文件从一个目录移动到另一个目录,或重命名。HDFS 现在还没有实现用户的配额和访问控制等操作。HDFS 也不支持硬链接和软链接。然而,HDFS 结构不排斥在将来实现这些功能。名字节点维护文件系统的命名空间,任何文件命名空间的改变或属性变更都被名字节点记录。应用程序可以指定文件的复制数,文件的复制被称为文件的复制因子,这些信息由名字空间来负责存储。

二、HDFS 的设计需求

分布式文件系统的设计需求主要有透明性、并发控制、可伸缩性、容错及安全需求等。

(一)透明性

对于分布式文件系统,最重要的是能达到访问的透明性、位置的透明性、移动的透明性、性能的透明性和伸缩的透明性等要求。

1.访问的透明性

用户能通过相同的操作来访问本地文件和远程文件资源,HDFS 可以做到这一点。如果 HDFS 设置成本地文件系统,而非分布式,那么读写分布式 HDFS 的程序可以不加修改地读写本地文件,要做修改的是配置文件。可见,HDFS 提供的访问的透明性是不完全的,毕竟它构建于 Java 之上,不能像 NFS 或者 AFS 那样去修改 UNIX 内核,同时将本地文件和远程文件以一致的方式处理。

2.位置的透明性

使用单一的文件命名空间,在不改变路径名的前提下,文件或者文件集合可以被重新定位。HDFS 集群只有一个 Namenode 来负责文件系统命名空间的管理,文件的数据块(block)可以重新分布复制,block 可以增加或者减少副本,副本可以跨机架存储,而这一切对客户端都是透明的。

3.移动的透明性

这一点与位置的透明性类似,HDFS 中的文件经常由于节点的失效、增加和 replication 因子的改变或者重新均衡等进行复制或者移动,而客户端和客户端程序并不需要改变什么,Namenode 的 edits 日志文件记录着这些变更。

4.性能的透明性和伸缩的透明性

HDFS 的目的是构建大规模廉价机器上的分布方式系统集群,可增减其规模。HDFS 通过一个高效的分布式算法,将数据的访问和存储分布在大量的服务器中,在用户访问时,HDFS 将会计算使用网络最近的和访问量最小的服务器给用户提供访问,而不仅是从数据源提取,这是传统存储架构的一个颠覆性发展。

(二)并发控制

客户端对文件的读写不应该影响其他客户端对同一个文件的读写。要想实现近似原生文件系统的单个文件拷贝语义,分布式文件系统需要做出复杂的交互。例如,采用时间戳或者类似回调承诺(回调有两种状态,即有效或者取消。客户端通过检查回调承诺的状态来判断服务器上的文件是否被更新过)。HDFS 并没有这样做,它的机制非常简单,任何时间都只允许一个写的客户端,文件经创建并写入之后不再改变,它的模型是 write - one - read - many,即一次写,多次读。这与它的应用场合是一致的,HDFS 的文件大小通常是兆字节级到太字节级的,这些数据不会经常修改,最经常的是被顺序读并处理,随机读很少,因此 HDFS 非常适合 Map Reduce 框架或者 Web Crawler 应用。HDFS 文件的大小也决定了它的客户端不能像其他分布式文件系统那样可以缓存到几百或上千文件。

(三)文件复制功能

一个文件可以表示为其内容在不同位置的多个备份。这样做有两个好处:一是访问同一个文件时,可以从多个服务器中获取,从而改善服务的伸缩性;二是提高了容错能力,某个副本损坏了,仍然可以从其他服务器节点获取该文件。为了容错,HDFS 文件的 block 都将被备份,根据配置的 replication 因子,默认是 3。副本的存放策略也很有讲究:一个放在本地机架的节点,一个放在同一机架的另一节点,还有一个放在其他机架上。这样可以最大限度地防止因故障导致的副本丢失。不仅如此,HDFS 读文件的时候也将优先选择从同一机架乃至同一数据中心的节点上读取 block。

(四)硬件和操作系统的异构性

由于构建在 Java 平台上,HDFS 的跨平台能力毋庸置疑。得益于 Java 平台已经封装好的文件 IO 系统,HDFS 可以在不同的操作系统和计算机上实现同样的客户端和服务端程序。

(五)容错能力

在分布式文件系统中,尽量保证文件服务在客户端或者服务端出现问题的时候能正常使用是非常重要的。文件系统的容错性主要通过以下几点体现。

1. 在 Namenode 和 Datanode 之间维持心跳检测

当由于网络故障之类的原因,导致 Datanode 发出的心跳包没有被 Namenode 正常收到的时候,Namenode 就不会将任何新的操作派发给那个 Datanode,该 Datanode 上的数据被认为是无效的。因此 Namenode 会检测是否有文件 block 的副本数目小于设置值,如果小于就自动开始复制新的副本并分发到其他 Datanode。

2. 检测文件 block 的完整性

HDFS 会记录每个新创建的文件的所有 block 的校验和,当以后检索这些文件的时候,从某个节点获取 block,会先确认校验和是否一致,如果不一致,会从其他 Datanode 上获取该 block 的副本。

3. 集群的负载均衡

由于节点的失效或者增加,数据分布可能不均匀,当某个 Datanode 的空闲空间大于一个临界值的时候,HDFS 会自动从其他 Datanode 迁移数据过来。

4. 核心文件损坏 HDFS 将失效

Namenode 上的 FSImage 和 EditLog 日志文件是 HDFS 的核心数据结构,如果这些文件损坏了,HDFS 将失效。因而,Namenode 可以配置成支持维护多个 FSImage 和 EditLog 的副本。任何对 FSImage 或者 EditLog 的修改,都将同步到它们的副本上。它总是选取最近的一致的 FSImage 和 EditLog 使用。Namenode 在 HDFS 中是单点存在的,如果 Namenode 所在的机器错误,就需要进行手动设置。

5. 文件的删除

删除并不是立即从 Namenode 中移除 namespace,而是将其放在/trash 目录,随时可恢复,直到超过设置时间才被正式移除。再加上 Hadoop 本身的容错性，Hadoop 支持升级和返回，当升级 Hadoop 软件时出现 bug（故障或程序错误）或者不兼容现象时，可以恢复到旧的 Hadoop 版本。最后一个即为安全性问题，HDFS 的安全性是比较弱的，只有简单地与 UNIX 文件系统类似的文件许可控制，未来版本会实现类似 NFS 的 kerberos 验证系统。

　　总的来说，HDFS 作为通用的分布式文件系统并不适合，它在并发控制、缓存一致性以及小文件读写的效率上是比较弱的。但它有自己明确的设计目标，那就是支持大的数据文件（兆字节级到太字节级），这些文件以顺序读为主，以文件读的高吞吐量为目标，并且与 Map Reduce 框架紧密结合。

三、HDFS 体系结构

　　HDFS 是一个主从结构体，如图 4 - 1 - 1 所示。

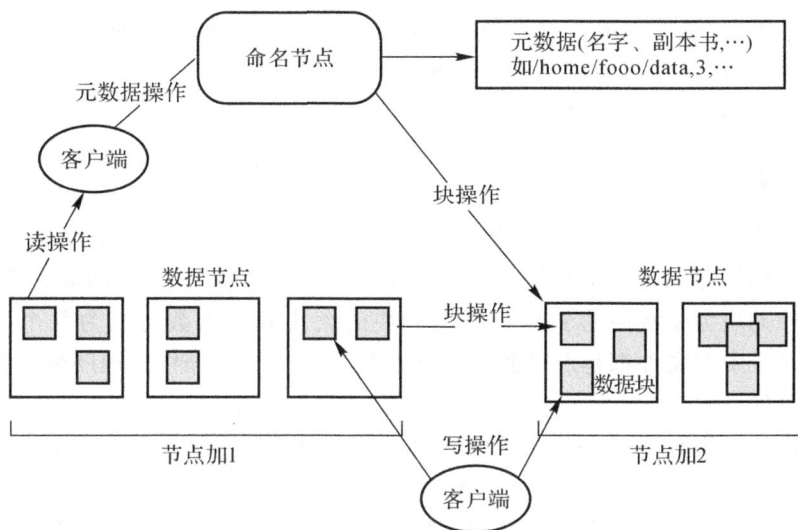

图 4 - 1 - 1　HDFS 的结构示意图

　　从最终用户的角度来看，其就像传统的文件系统一样，可通过目录路径对文件执行 CRUD（Create、Read、Update 和 Delete）操作，但由于分布式存储的性质，HDFS 集群拥有一个 NameNode 和一些 DataNode。DataNode 管理文件系统的元数据，DataNode 存储实际的数据。客户端通过同 DataNode 和 DataNode 的交互访问文件系统，客户端联系 DataNode 以获取文件的元数据，而真正的文件 I/O 操作是直接和 DataNode 进行交互的。

四、HDFS 的可靠性措施

HDFS 的主要设计目标之一就是在故障情况下也能保证数据存储的可靠性。HDFS 具备较为完善的冗余备份和故障恢复机制,可以实现在集群中可靠地存储海量文件。

(一)冗余备份

HDFS 将每个文件存储成一系列的数据块(block),默认块大小为 64 MB(可配置)。为了容错,文件的所有数据块都会有副本(副本数量即复制因子,可配置)。HDFS 的文件都是一次性写入的,并且严格限制为任何时候都只有一个写用户。DataNode 使用本地文件系统来存储 HDFS 的数据,但是它对 HDFS 的文件一无所知,只是用一个个文件存储 HDFS 的每个数据块。当 DataNode 启动的时候,会遍历本地文件系统,产生一份 HDFS 数据块和本地文件对应关系的列表,并把这个报告发给 NameNode,这就是块报告(block report)。块报告包括 DataNode 上所有块的列表。

(二)数据复制

HDFS 设计成可靠地在集群中的大量机器之间存储非常大量的文件,其以块序列的形式存储每一个文件。文件除了最后一个块外,其他块的大小都相同。属于文件的块为了故障容错而被复制。块的大小和复制数可以为每个文件配置。HDFS 中的文件都是严格到在任何时候只有一个写操作。程序可以特别地为某个文件指定。

文件的复制数可以在文件创建的时候指定或者以后修改。名字节点执行所有的块复制,其周期性地接受来自集群中数据节点的心跳和块报告。一个心跳的报告表示这个数据节点是健康的,是渴望服务数据的。一个块报告包括该数据节点上的所有的块列表。

复制块的放置位置的选择严重影响 HDFS 的可靠性和性能。这个特征是 HDFS 和其他的分布式文件系统的区别。这个特征需要很多的调节和经验。机架的复制布局的目的就是提高数据的可靠性、可用性和网络带宽的利用。当前,这方面的实现方式是在这个方向上的第一步。短期的目标实现是这个方式要在生产环境下去验证,以得到其行为并实现一个为将来的测试和研究更佳的方式的基础。

HDFS 运行在跨越很多机架的集群机器之上。两个不同机架上的节点通信是通过交换机的,在大多数情况下,两个在相同机架上的节点之间的网络带宽优于在不同的机架之上的两个机器。在开始的时候,每一个数据节点自检其所属的机架,然后在向名字节点注册的时候告知其机架的 ID。HDFS 提供接口以便很容易地检测机架标示的模块。一个简单但不是最优的方式就是将复制跨越不同的机架,以保证这个机架出现故障但不丢失数据,还能在读数据时充分地利用不同机架的带宽。这个方式均匀地将复制分散在集群中以简单化地实现组件实效的负载均衡,但这个方式增加了写的成本,因为写的时候要将文件块传输到很多机架。在大多数复制数为 3 的情况下,HDFS 放置方式是将第一个复制放在本地节点,将第二个复制放到本地机架上的另外一个节点,将第三个复制放到不同机架上的节点。这种方式减少了机架内的写流量,提高了写的性能。这种方式没有影响数据的可靠性和可用性,但是减少了读操作的网络聚合带宽,因为文件块存在 2 个不同的机架,而不是 3 个。文件的复制不是均匀地分布在机架中的:1/3 在同一个节点上,1/3 复制在同一个机架上,1/3 均匀地分布在其他机架上。这种方式提高了写性能,而没有影响数据的可靠性和读性能。

(三)复制的选择

HDFS 尝试满足一个读操作来自离其最近的复制。假如在读节点的同一个机架上就有这个复制,即直接读这个,如果 HDFS 集群是跨越多个数据中心的,那么本地数据中心的复制优先于远程复制。

(四)安全模式

在启动的时候,名字节点进入一个特殊的状态称为安全模式。安全模式不发生文件块的复制。名字节点接受来自数据节点的心跳和块报告。一个块报告包括的是数据节点向名字节点报告数据块的列表。每一个块有一个特定的最小复制数时。当名字节点检查到这个块已经大于最小的复制数时,即被认为是安全地复制了,当达到配置的块安全复制比例(+30%)时,名字节点就退出安全模式。其将检测数据块的列表,并将小于特定复制数的块复制到其他的数据节点。

(五)文件系统的元数据的持久化

HDFS 的命名空间是由名字节点来存储的。名字节点用事务日志(EditLog)来持久化每一个对文件系统的元数据的改变。例如,在 HDFS 中创建一个新的文件,名字节点将会插入一条记录到 EditLog,表示这个改变。类似地,改变文件的复制因子也会向 EditLog 中插入一条记录。名字节点在本地文件系统中用一个文件来存储这个 EditLog。完整的文件系统命名空间、文件块的映射和文件系统的配置都保存在一个 FSImage 的文件中,FSImage 也在名字节点的本地文件系统中。名字节点在内存中有一个完整的文件系统命名空间和文件块的映射镜像。这个元数据设计得很紧凑,这样,4 GB 的内存的名字节点就能很轻松地处理非常大的文件数和目录,当名字节点启动时,其将从磁盘中读取 FSImage 和 EditLog,应用 EditLog 中的所有的事务到内存中的 FSImage 表示方法,然后将新的元数据刷新到本地磁盘的新的 FSImage 中,这样可以截去旧的 EditLog。因为事务已经被处理并已经持久化到 FSImage 中,这个过程叫检查点。检查点在名字节点启动的时候发生。

数据节点存储 HDFS 数据到本地的文件系统中。数据节点没有关于 HDFS 文件的信息。它以单独的文件存储每一个 HDFS 的块到本地文件系统中。数据节点不产生所有的文件到同一个目录中,而是用最优的启发式检查每一个目录的文件数。它在适当的时候创建子目录。在本地文件的同一个目录下创建所有的文件不是最优的,因为本地文件系统中单个目录里有数目巨大的文件,它们的效率相差较大。当数据节点启动的时候,它将扫描它的本地文件系统,根据本地的文件产生一个所有 HDFS 数据块的列表并报告给名字节点,这个报告称为块报告。

(六)磁盘故障、心跳和重新复制

一个数据节点周期性地发送一个心跳信息到名字节点。网络断开会造成一个数据节点子集和名字节点失去联系。名字节点发现这种判断论据的根据是有没有心跳信息。名字节点标记这些数据节点为失效了,就不再将新的 I/O 请求转发到这些数据节点上,而这些数据节点上的数据将不再对 HDFS 可用。这将导致一些块的复制因子降低到指定的值。名字节点检查所有需要复制的块,并开始将它们复制到其他的数据节点上。重新复制会出于很多原因而必须放弃。

(七)集群的重新均衡

HDFS 体系结构用于兼容数据的重新平衡方案。在数据节点的可用空间降低到一个极限时,数据可能自动地从一个数据节点移动到另外一个,而且突然对一个特殊的文件发生请求时也会引发额外的复制,将集群中的其他数据重新均衡。这种类型的重新均衡方案还没有实现。

(八)数据正确性

从数据节点上取一个文件块有可能出现损坏的情况,发生这种情况可能是因为存储设备低、差劲的网络、软件的缺陷。HDFS 客户端通过校验去检查 HDFS 的文件内容。当一个客户端创建一个 HDFS 文件时,其为每一个文件块计算一个校验码并将校验码存储在同一个 HDFS 名字空间中的一个单独的隐藏文件中。当客户端找回这个文件内容时,其再根据这个校验码来验证从数据节点接收到的数据。如果不对,客户端可以从另外一个有该块复制的数据节点取这个块。

(九)元数据磁盘失效

FSImage 和 EditLog 是 HDFS 的中心数据结构。这些文件若损坏会导致整个集群不能工作。因此,名字节点可以配置成多个 FSImage 和 EditLog 的副本。不管任何时候,对 FSImage 和 EditLog 的更新都会同步地更新它们的每一个副本。同步更新多个 EditLog 可能降低名字节点的可支持名字空间的每秒交易数。但这个降低是可接受的,因为 HDFS 程序都是对数据要求强烈,而不是对元数据的要求强烈。名字节点重新启动时,选择最新的一对 FSImage 和 EditLog。当前,还不支持自动重启和切换到另外的名字节点。

(十)快照

快照支持在一个特定时间存储一个数据备份,快照的一个用途是可以将失效的集群回滚到之前的一个正常时间点上。HDFS 目前还不支持快照。

(十一)数据组织

数据块 HDFS 被设计成支持大文件数。程序也是用和 HDFS 一样的方式处理大数据集。这些程序写数据仅一次,读数据一次或多次,需要一个比较好的流读取速度。典型的 HDFS 块大小是 64 MB,一个 HDFS 文件可以最多被切分成 128 MB 的块,每一个块分布在不同的数据节点上。

1. 分段运输

当一个客户端请求创建一个文件的时候,并不是立即请求名字节点,事实是,HDFS 客户端在本地的文件中缓存文件数据,应用程序的写操作明显地转移到这个临时的本地文件中。当本地文件堆积到大于 HDFS 块大小的时候,客户端联系名字节点。名字节点插入文件名到文件系统层次中,然后构造一个数据块。名字节点回应客户端的请求,包括数据节点(可能多个)的标识和目标数据块,客户端再将本地的临时文件刷新指定的数据节点数据块。当文件关闭的,还有一些没有刷新的本地临时文件被传递到数据节点。客户端就通知名字节点,这个文件已经关闭。名字节点提交文件的创建操作到持久化存储。假如名字节点在文件关闭之前失效,文件就丢掉了。

在仔细地考虑运行在 HDFS 之上的目标程序之后,上面的方式被采用。应用程序需要流式地写文件。如果客户端直接写到远程文件系统,而没有本地的缓冲,则会对网速和网络吞吐量产生相当大的影响。早期的分布式文件系统,如AFS也用客户端的缓冲来提高性能,POSIX需求也不拘束高性能的数据上传的实现。

2.流水线操作

当客户端写数据到HDFS文件中时,如前所述,数据先写到本地文件中,假设HDFS的复制因子是3,客户端从名字节点获得一个数据节点的列表。这个列表描述一些数据节点用于实现块的复制。当客户端刷新的数据块到第一个节点时,第一个数据节点开始将数据分为两部分,一部分写到本地库中,另一部分传输到第二个数据点中,接着,第二个节点实施与第一个节点相同的操作,以此类推。一个数据节点可以接收来自前一个节点的数据,同时可以将数据流水式地传递给下一个节点,所以,数据是流水式地从一个数据节点传递到下一个的。图4-1-2体现了复制因子为3的情况下各数据块的分布情况。

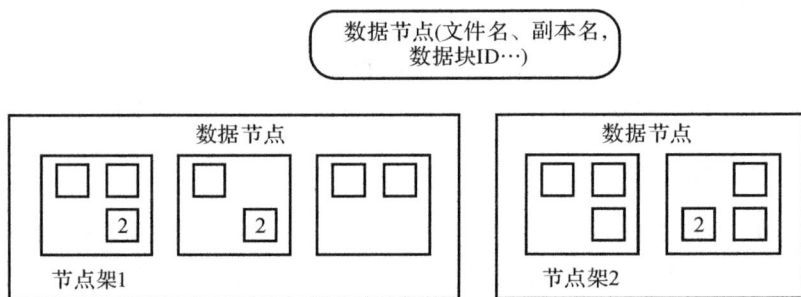

图4-1-2 复制因子为3时数据块的分布情况

3.空间回收

当一个文件被用户或程序删除,其并不是立即从HDFS中删除,而是HDFS将它重新命名到/trash目录下的文件,只要这个文件还保留在/trash目录下,就可以重新快速恢复。在这个文件在/trash里存放配置的时间,名字节点就将它从名字空间中删除,这个删除将导致这个文件的文件块都被释放。这个时间间隔可以被感知,即从用户删除文件到HDFS的空闲空间的增加。在删除一个文件之后,其还在/trash目录下,用户可以恢复删除这个文件。如果一个用户希望恢复自己已经删除的文件,可以浏览/trash目录,重新获得这个文件。/trash目录保存最新版本的删除文件。/trash目录也像其他目录一样,只有一个特殊的功能,就是HDFS应用一个特定的规则,自动地删除这个目录里的文件,当前默认的规则是删除在此目录存放6小时的文件,将来这个规则由一个接口来配置。

若文件的复制因子减少,频繁复制的名字节点将会被删除,下一次心跳的时候将传递这个信息给数据节点。数据节点移除相应的块,相应的空闲空间将显示在集群中,关于这一点要注意的就是可能会有段时间来完成 setReplication 和显示集群的空闲空间。

五、HDFS 的数据均衡

HDFS 在实现可靠存储的同时,也实现了负载均衡。例如,在复制数据块时,其采用分散部署的策略,当复制因子为 3 时,在本地机架一个数据节点放置一个副本,在本地机架的不同数据节点放置另一个副本,在不同机架的数据节点再放置一个副本,从而确保数据块的读写均衡,保证数据的可靠性。此外,当系统中由数据节点宕机导致复制因子过低及出现访问文件热点时,系统会自动进行数据复制,以保证系统的可靠性和数据均衡。HDFS 在读写数据时,采用客户端直接从数据节点存储数据的方式,避免了单独访问名字节点造成的性能瓶颈,从而达到了数据的均衡处理。

六、HDFS 存取机制

(一)HDFS 读文件过程

图 4-1-3 描述了 HDFS 在读文件过程中客户端、NameNode 和 DataNode 间是怎样交互的。现对整体流程总结如下:

第一,客户调用 get()方法得到 HDFS 文件系统的一个实例(具有 Distributed 文件系统类型),然后调用该实例的 open()方法。

第二,Distributed 文件系统实例通过 RPC 远程调用 NameNode 决定文件数据块的位置信息。对于每一个数据块,NameNode 返回数据块所在的 DataNode(包括副本)的地址。Distributed 文件系统实例向客户返回 FSData 输入流类型的实例,用来读数据。FSData 输入流中封装了 DFSData 输入流类型,用于管理 NameNode 和 DataNode 的输入/输出操作。

第三,客户调用 FSData 输入流实例的 read()方法。

第四,FSData 输入流实例保存了数据块所在的 DataNode 的地址信息。FSData 输入流实例连接第一个数据块的 DataNode,读取数据块的内容,并传回给客户。

第五,第一个数据块读完后,FSData 输入流实例关掉了这个 DataNode 的连接,然后开始读第二个数据块。

第六,在客户的读操作结束后,调用 FSData 输入流实例的 close()方法。

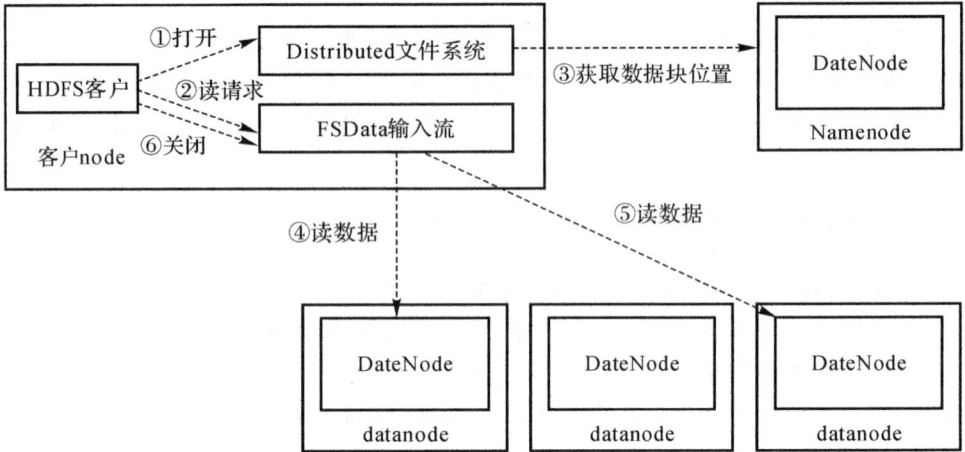

图 4-1-3　HDFS 读文件过程

在读的过程中，如果客户和一个 DataNode 通信时出错，它会连接副本所在的 DataNode。这种客户直接连接 DataNode 读取数据的设计方法使 HDFS 可以同时响应很多客户的并发操作。

（二）HDFS 创建文件和写文件过程

图 4-1-4 为 HDFS 创建文件和写文件的过程，涉及 HDFS 创建文件、写文件及关闭文件等操作。现对整体流程总结如下：

第一，客户通过调用 Distributed 文件系统对象的 create()方法来创建文件。

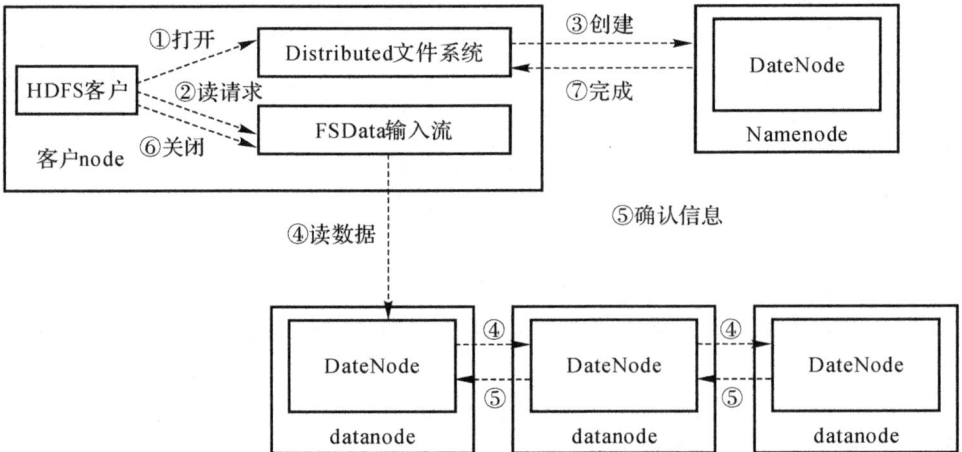

图 4-1-4　HDFS 创建文件和写文件的过程

第二,Distributed 文件系统对象通过 RPC 调用 NameNode,在文件系统的命名空间中创建 FSData 输出流对象给客户。FSData 输出流对象来处理与 DataNode 和 NameNode 间的通信。

第三,当客户写一个数据块内容时,FSData 输出流对象把数据分成很多包(packet)。FSData 输出流对象询问 NameNode 挑选存储这个数据块及它的副本的 DataNode 列表。包含在该列表内的 DataNode 组成了一个管道。图 4-1-4 中管道由 3 个 DataNode 组成(默认参数为 3),这 3 个 DataNode 的选择有一定的副本放置策略。

第四,FSData 输出流对象把包写进管道的第一个 DataNode 中,然后管道将包转发给第二个 DataNode,这样一直转发到最后一个 DataNode。

第五,只有当管道中所有 DataNode 都返回写入成功,这个包才算写成功,发送应答给 FSData 输出流对象,开始下一个包的写操作。

第六,客户完成所有对数据块内容的写操作后,调用 FSData 输出流对象的 close()方法关闭文件。

第七,FSData 输出流对象通知 NameNode 写文件结束。

七、HDFS 的缺点

HDFS 作为一个优秀的分布式文件系统有很多的优点,但金无足赤,HDFS 当然也不例外。就目前而言,它在以下几方面表现不佳。

(一)不适合低延时数据访问

HDFS 不太适合那些要求低延时(数十毫秒)访问的应用程序,HDFS 的设计主要是用于大吞吐量数据,这是以一定延时为代价的。HDFS 由单 Master 设计,所有的对文件的请求都要经过它,当请求多时,必然会有延时。当前,对于那些有低延时要求的应用程序,HBase 会是一个更好的选择。同时,可以使用缓存或多 Master 设计以降低客户端的数据请求压力,以减少延时。如果要降低时延,还可以对 HDFS 内部进行修改,以权衡大吞吐量与低延时的关系。

(二)对大量小文件的处理

因为 NameNode 把文件系统的元数据放置在内存中,所以文件系统能容纳的文件数是由 NameNode 的内存大小来决定的。一般来说,每一个文件、文件夹和 block 需要 150 B 左右的空间,所以如果有 100 万个文件,每一个占据一个 block,即至少需要 300MB 内存。就当前来说,数百万个的文件还是可行的,当扩展到数十亿个时,当前的硬件水平就没法实现了。还有一个问题是,因为

Map 任务的数据量是由 Split 来决定的,所以用 MapReduce 处理大量的小文件时,会产生过多的 Map 任务,线程管理开销将会增加作业时间。例如,处理100 000 MB 的文件,如果每个 Split 为 20 MB,就会有 5 000 个 Map 任务,会有很大的线程开销;如果每个 Split 为 200 MB,则只有 500 个 Map 任务,每个 Map任务将会有更多的事情做,而线程的管理开销也将减小很多。

为了让 HDFS 处理好小文件,可使用如下方法:

首先,利用 SequenceFile、MapFile、Har 等方式归档小文件。这个方法的原理是把小文件归档起来管理,HBase 即基于此。对于这种方法,如果想找回原来的小文件内容,就必须知道与归档文件的映射关系。

其次,横向扩展。一个 Hadoop 集群能管理的小文件有限,那就把几个 Hadoop 集群拖在一个虚拟服务器后面,形成一个大的 Hadoop 集群。谷歌就是这么做的。

最后,多 Master 设计。这个作用显而易见。GFSII 也要改为分布式多 Master 设计,还支持 Master 的 Failover,而且 Block 大小改为 1 MB,有意要调优处理小文件。

(三)多用户写,任意文件修改

目前,Hadoop 只支持单用户写,不支持并发送多用户写。可以使用 Append 操作在文件的末尾添加数据,但不支持在文件的任意位置进行修改。这些特性可能会在将来的版本中加入,但是这些特性的加入将会降低 Hadoop 的效率。

八、HDFS 存储海量数据

随着时代的发展,高清视频的应用日益广泛,高清视频监控项目规模也在不断扩大,因此高清视频的存储越来越受到人们的关注。对于视频监控而言,图像清晰度无疑是最关键的特性。图像越清晰,细节越明显,观看体验越好,各种智能应用业务的准确度也越高。然而,高清的视频数据是吉字节级的。与此同时,面对如潮水般涌现的海量视频数据,不仅对存储容量有很高的要求,也对读写性能、可靠性等都提出了较高要求。因此,选择什么样的存储系统往往成为影响视频读写速度的关键。

(一)模拟视频流

在缺少摄像头的情况下,可以使用 VLC 播放器模拟出 H264 的实时视频流。

1.构建组播服务器

(1)运行 VLC 程序后选择"媒体"—"串流"。

(2)通过"添加"选择需要的播放文件(以 wmv 文件为例),单击"串流"按钮。

(3)流输出有三项需要设置,包括来源、目标和选项。来源已指定,单击"下一个"按钮。

(4)勾选"在本地显示",并选择"RTP/MPEG Transport Stream"输出,单击"添加"按钮。

(5)如果建立 IPv6 组播服务器,可输入组播地址 ff15::1,并指定端口为"5005",单击"下一个"按钮。如果需要建立 IPv4 组播服务器,则在地址栏输入"239.1.1.1"(239.0.0.0/8 为本地管理组播地址)。

(6)将 TTL 设置为 0,单击"串流"即可发送组播视频,同时在本地播放(视频打开时间较慢,需要等待半分钟左右)。

(7)使用 WireShark 抓包查看。

2.构建组播客户端

(1)运行程序后选择"媒体"—"打开网络串流"。

(2)输入 URL(rtp://@[ff15::1]:5005),单击"播放"即可观看组播视频,如果为 IPv4 组播环境,可输入 rtp://239.1.1.1:5005。

注意:测试前请关闭 PC 防火墙,以免影响组播报文的发送和接收。

(二)存储海量视频数据

存储海量视频数据的思路:通过 Hadoop 提供的 API 接口,将接收到的视频流文件从本地上传到 HDFS 中。在此过程中,接收到的视频文件将源源不断地存储到一个指定的本地文件夹中,因此这个本地文件夹的文件是在动态增加的。此处将这个动态变化的文件夹当成一个"缓冲区",然后以流的形式将"缓冲区"文件和 HDFS 对接,之后通过调用 FSDataOutputStream. write(buffer, 0, bytesRead)实现以流的方式将本地文件上传到 HDFS 中。在本地文件上传成功后,再调用 File. delete()批量删除缓冲区中已上传文件。此过程将一直延续,直到所有文件都上传到 HDFS,清空本地文件夹后才结束。

第二节　图像存储技术

云时代的大数据存储也包含图片存储,图片存储技术是许多研究者研究的重点。下面针对目前的研究基础,分析图片存储的基本思想、图片存储的设计目标、图片存储体系结构以及系统功能结构。

一、图像存储基本思想

在 HDFS 中,默认的数据块大小为 64 MB,也就是说,一个文件在大小不超过 64 MB 的情况下不会被切割,整个文件会被完整地上传存储到某个节点中。在图像百科系统中的图像一般大小不会超过 64 MB,图像经过压缩后最大为 10 MB 以内,每个图像在使用 HDFS 时也就对应存储于一个数据块中。

HDFS 主要是作为系统底层的存储平台,通过分析,总结出系统图像存储的基本思路如下:

第一,系统初始化时,对从图像百科上抓取的图像文件进行处理,关联条目信息后,建立索引,然后存储在 HDFS 文件系统中。

第二,用户从 Web 页面上传的图像调用 HDFS 提供的 API 接口,将图像直接存入 HDFS 中。

第三,用户删除一张图像时,先在数据库中将其索引信息删除,再在 HDFS 中将图像文件删除。

第四,所有的条目信息都存储在 HDFS 中,条目与图像的关联信息由数据库管理,HDFS 中图像与其对应的条目信息存储位置没有联系。

第五,文件系统对外只提供唯一的接口,所有对 HDFS 的操作均通过这个接口。

二、图像存储设计目标

由前文分析可知,文件系统唯一的对外接口为系统设计的核心。HBase 调用文件系统接口来获取图像的物理存储位置,MapReduce 程序调用文件系统接口来将处理后的海量图像数据存储在 HDFS 中。

一个成功的云存储结构,除了要高效地实现系统功能外,还应该充分利用云平台的特性,使系统的健壮性更强。因此,在系统设计中要重点考虑以下问题。

首先,可用性。系统应对每个文件块进行备份,当一个 DataNode 失效时,系统能很快地利用其他数据节点上的备份响应用户的请求,实现高可用性。

其次,高性能。尽可能利用 HDFS 数据块分布机制,将数据文件分散在不同的 DataNode 上,增强并发性,提高系统响应速度。

最后,可扩展。当用户并发访问量及数据量激增时,系统可以通过增加 DataNode 的方式来解决存储及性能问题。

三、图像存储体系结构

云存储的主要功能是将网络中大量的、不同类型的存储设备通过软件集合起来协同工作,共同对外提供数据存储和业务访问。图像百科系统的文件系统体系结构图如图 4-2-1 所示。

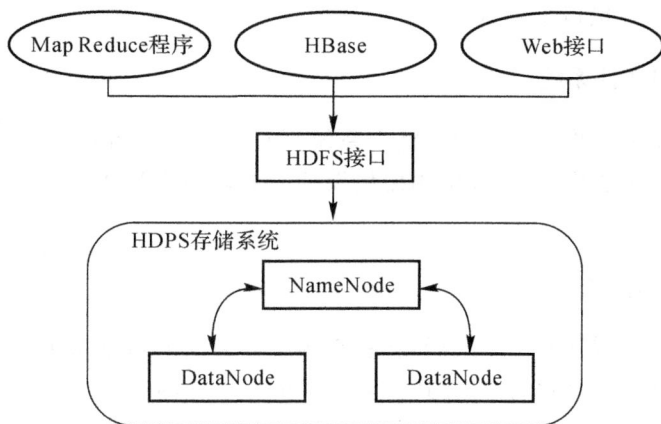

图 4-2-1　文件系统体系结构图

从图 4-2-1 中可以看出,文件系统主要分为三个模块。

(一)外部调用模块

外部调用模块主要由 Map Reduce 程序、HBase 和 Web 接口三部分组成。这三部分都可以通过调用 HDFS 接口,在底层文件系统上存储数据。

1. Map Reduce 程序

Map Reduce 客户端程序调用 HDFS 接口将任务分片存储在文件系统中,随后 JobTracker 将文件系统中的任务读出,分发到各 TaskTracker 中,各节点执行完任务后再将运行结果存储在文件系统中。

2. HBase

HBase 中存放图像的特征值、索引等信息,当用户检索一张图像时,先去 HBase 中查询该图像的特征,如果在系统设置的相似度范围内命中,则调用文件系统接口,通过索引去文件系统中将该图像对应的条目信息及相似图像信息取出,呈现给用户。

3. Web 接口

Web 接口提供了用户与文件系统交互的接口。当用户通过浏览器上传一张图像时,Web 接口调用 HDFS 接口将图像存入文件系统中。当然,在这个过程中,同时需要对该图像进行特征值提取。

(二)HDFS 接口

文件系统接口为底层 HDFS 系统对外呈现的窗口,所有对文件系统的操作都要通过 HDFS 接口来完成。

(三)底层文件系统

位于系统底层的文件系统为整个系统真正的存储平台,几乎所有的数据信息都存储在文件系统中,外部调用模块根据需要调用 HDFS 接口来对文件系统进行操作。

四、系统功能结构

系统设计在充分考虑需求后,将整个系统分为三个功能模块,即普通用户模块、注册用户模块和平台管理模块。系统功能模块如图 4-2-2 所示。

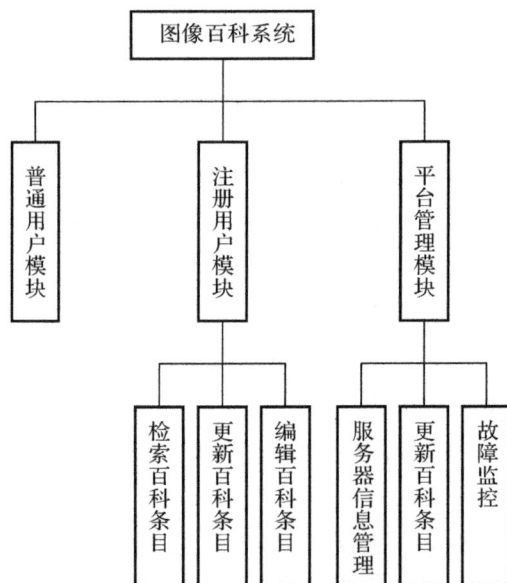

图 4-2-2 系统功能模块图

图像百科系统中各模块含义如下:

首先,普通用户模块。普通用户模块具有提交查询请求的权限,能够向系统提交图像进行检索。系统响应用户查询请求,并返回查询到的百科数据。普通用户提交注册请求后,通过系统注册审核的用户成为注册用户。

其次,注册用户模块。注册用户模块除了能够查询百科条目外,还享有更新百科条目的权利。注册用户可以提交更新条目的请求,该请求通过审核后会反馈给注册用户一个请求响应。

最后,平台管理模块。平台管理模块包括服务器信息管理、更新百科条目和故障监控等内容。其中,服务器信息管理主要为管理和维护服务器,保证服务器以一个良好的状态进行服务;更新百科条目是指定期地更新图像百科系统的条目信息;故障监控在于及时发现系统运行时的错误,以日志方式记录错误原因。

第三节 HDFS 管理技术

HDFS 管理包括权限管理、配额管理、文件归档管理,下面具体介绍这些管理操作技术。

一、权限管理

Hadoop 分布式文件系统实现了一个和 POSIX 系统类似的文件和目录的权限模式。每个文件和目录有一个所有者(Owner)和一个组(Group)。文件或目录对其所有者、同组的其他用户以及所有其他用户分别有着不同的权限。对文件而言,当读取这个文件时需要有 r 权限,当写入或者追加到文件时需要有 w 权限。对目录而言,当列出目录内容时需要有 r 权限,当新建或删除子文件或子目录时需要有 w 权限,当访问目录的子节点时需要有 x 权限。不同于 POSIX 模型,为了简单起见,此处没有目录的 stickyssetuid 或 setgid 位。总的来说,文件或目录的权限即为它的模式(Mode)。HDFS 采用了 UNIX 表示和显示模式的习惯,包括使用八进制数来表示权限。当新建一个文件或目录时,它的所有者即客户进程的用户,它的所属组为父目录的组(BSD 的规定)。

每个访问 HDFS 的用户进程的标识分为两部分,分别为用户名和组名列表。每次用户进程访问一个文件或目录 nuoline,HDFS 都要对其进行权限检查:

第一,如果用户即 nuoline 的所有者,则检查所有者的访问权限。

第二,如果 nuoline 关联的组在组名列表中出现,则检查组用户的访问权限。

第三,否则检查 nuoline 其他用户的访问权限。

如果权限检查失败,则客户的操作会失败。

(一)用户身份

在目前版本中,客户端用户身份是通过宿主操作系统给出的,对类 UNIX 系统来说,用户名等于 whoami,组列表等于 bash－c groups。

将来会增加其他方式来确定用户身份(如 K－Jone、LDAP 等)。期望用前面提到的第一种方式来防止一个用户假冒另一个用户是不现实的。这种用户身份识别机制结合权限模型允许一个协作团体以一种有组织的形式共享文件系统中的资源。

不管怎样,用户身份机制对 HDFS 本身来说只是外部特性。HDFS 并不提供创建用户身份、创建组或处理用户凭证等功能。

(二)系统的实现

每次文件或目录操作都将完整的路径名传递给 NameNode,每一个操作都会对此路径做权限检查。客户框架会隐式地将用户身份与 NameNode 的连接关联起来,从而减少改变现有客户端 API 的需求。经常会有这种情况,即在对一个文件的某一操作成功后,之后同样的操作却失败,这是因为文件或路径上的某些目录已经不复存在了。例如,客户端先开始读一个文件,它向 NameNode 发出一个请求以获取文件第一个数据块的位置,但接下来获取其他数据块的第二个请求可能会失败。另外,删除一个文件并不会撤销客户端已经获得的对文件数据块的访问权限。而权限管理能使客户端对一个文件的访问许可在两次请求之间被收回。权限的改变并不会撤销当前客户端对文件数据块的访问许可。

MapReduce 框架通过传递字符串来指派用户身份,没有做其他特别的安全方面的考虑。文件或目录的所有者和组属性是以字符串的形式保存的,而不是像传统的 UNIX 方式转换为用户和组的数字 ID。

(三)超级用户

超级用户即运行 NameNode 进程的用户。宽泛地讲,如果启动了 NameNode,启动者即为超级用户。超级用户可以做任何事情,因为超级用户能够通过所有的权限检查。没有永久记号来保留谁过去为超级用户。当 NameNode 开始运行时,进程自动判断谁现在为超级用户。HDFS 的超级用户不一定非得为 NameNode 主机上的超级用户,也不需要所有的集群的超级用户都为一个。同样地,在个人工作站上运行 HDFS 的实验者,无需任何配置即已方便地成为他的部署实例的超级用户。

另外,管理员可以用配置参数指定一组特定的用户,如果做了设定,这个组的成员也会成为超级用户。

(四)Web服务器

Web服务器的身份为一个可配置参数。NameNode并没有真实用户的概念,但Web服务器表现得就像它具有管理员选定的用户的身份(用户名和组)一样。除非这个选定的身份是超级用户,否则会有名字空间中的一部分对Web服务器来说不可见。

(五)在线升级

如果集群在0.19版本的数据集(FSImage)上启动,所有的文件和目录都有所有者O、组G和模式M,此处O和G分别为超级用户的用户标识和组名,M为一个配置参数。

二、配额管理

Hadoop分布式文件系统(HDFS)允许管理员为每个目录设置配额。新建立的目录没有配额。最大的配额为Long.Max_Value。配额为1可以强制目录保持为空。

目录配额为对目录树上该目录下的文件及目录总数做硬性限制。如果创建文件或目录时超过了配额,该操作会失败。重命名不会改变该目录的配额。如果重命名操作会导致违反配额限制,该操作将会失败。如果尝试设置一个配额而现有文件数量已经超出了这个新配额,则设置失败。

配额和FSImage保持一致。当启动时,如果FSImage违反了某个配额限制,则启动失败并生成错误报告。设置或删除一个配额会创建相应的日志记录。

下面的新命令或新选项为用于支持配额的,前两个为管理员命令。

(1)dfsadmin - setquota<N><directory>...〈director〉把每个目录配额设为N,这个命令会在每个目录上尝试,如果N不是一个正的长整型数,目录或文件名不存在,或者目录超过配额限,则会产生错误报告。

(2)dfsadmin - clrquota<directory>...<director>为每个目录删除配额。这个命令会在每个目录上尝试,如果目录不存在或为文件,则会产生错误报告。如果目录原来没有设置配额,则不会报错。

(3)fs - count - q<directory>...<directory>使用-q选项,会报告每个目录设置的配置以及剩余配额。如果目录没有设置配额,会报告none和inf。

三、文件归档管理

（一）Hadoop Archives

Hadoop Archives 为特殊的档案格式。一个 Hadoop Archive 对应一个文件系统目录。Hadoop Archives 的扩展名为 *.har。Hadoop Archives 包含元数据（形式为_index 和 masterindx）和数据（part－*）文件。_index 文件包含档案中的文件的文件名和位置信息。

（二）Archive

创建 Archive 的格式为：

hadoop archive－arcmveName name＜src＞ * ＜dest＞

由于－archiveName 选项指定要创建的 Archive 的名字，如 foo. har0 Archive 的名字的扩展名应该为 *. har。输入为文件系统的路径名，路径名的格式和平时的表达方式一样。创建的 Archive 会保存到目标目录下。注意创建 Archives 为一个 MapReducejob，应该在 MapReduce 集群上运行这个命令。

（三）Archives

Archive 作为文件系统会暴露给外界，所以所有的 FS shell 命令都能在 Archive 上运行，但是要使用不同的 URI。另外，Archive 是不可改变的，所以重命名、删除和创建都会返回错误。Hadoop Archives 的 URI 为：

har：//scheme－hostname：port/archivepath/fileinarchive

如果未提供 scheme－hostname，其会使用默认的文件系统。这种情况下 URI 的格式为：

har：//archivepath/nieinarchive

这是一个 Archive 的例子。Archive 的输入为/dir。这个 dir 目录包含文件 filea，filea 把/dir 归档到/user/hadoop/foo. bar 的命令为：

hadoop archive－arcniveName foo. nar/dir/user/hadoop

获得创建 Archive 中的文件列表，使用如下命令：

hadoop dfs－lsr har：//user/hadoop/foo. har

查看 Archive 中的 filea 文件的命令如下：

hadoop dfs－cat har：///user/hadoop/foo. har/dir/filea

第四节　FS Shell 与 API 技术

一、FS Shell 使用指南

调用文件系统(FS) Shell 命令应使用 bin/hadoop fs<args>的形式。所有的 FS Shell 命令都使用 URI 路径作为参数。URI 格式是 scheme：//authority/path0，对于 HDFS 文件系统，scheme 是 hdfs，对于本地文件系统，scheme 是 file。其中 scheme 和 authority 参数都是可选的，如果未加指定，就会使用配置中指定的默认 scheme。一个 HDFS 文件或目录如/parent/child 可以表示成 hdfs：//namenode：namenodeport/parent/child，或者更简单的/parent/child(假设配置文件中的默认值是 namenode：namenodeport)。大多数 FS Shell 命令的行为和对应的 UNIX Shell 命令类似，不同之处会在下面介绍各命令使用详情时指出。出错信息会输出到 stderr，其他信息输出到 stdout。

(一)cat 命令

调用 cat 命令的方法如下：

hadoop fs - cat URI[URI...]

其用于将路径指定文件的内容输出到 stdout。

如果要将主机上 hostl 上的文件 file1 的内容输出到主机 host2 的 file2 上，代码为：

hadoopfs - cat hdfs：//hostl：portl/file1 hdfs：//host2：port2/file2

如果要将在同一主机上文件 file3 的内容输出到文件 file4 上，代码为：

hadoopfs - cat file：///file3/user/hadoop/file4

以上代码若返回值为 0，即表明输出成功；若返回值为－1，则表明输出失败。

(二)chgrp 命令

调用 chgrp 命令的方法如下：

hadoopfs - chgrp [－R] GROUP URI [URI...]

以上方法用于改变文件所属的组，其中，使用－R 将使改变在目录结构下递归进行。命令的使用者必须是文件的所有者或者超级用户。

(三)chmod 命令

调用 chmod 命令的方法如下：

hadoopfs－chmod［－R］＜MODE［A40DE］...｜OCTALMODE＞ URI［URI...］

以上方法用于改变文件的权限,其中,使用－R 将使改变在目录结构下递归进行。命令的使用者必须是文件的所有者或者超级用户。

(四)chown 命令

调用 chown 命令的方法如下：

hadoopfs－chown［－R］［OWNER］［:［GROUP］］URI［URI］

以上方法用于改变文件的拥有者,其中,使用－R 将使改变在目录结构下递归进行。命令的使用者必须是超级用户。

(五)copyFromLocal 命令

调用 copyFromLocal 命令的方法如下：

hadoop fs－copyFromLocal＜lcx:alsrc＞URI

以上方法除了限定源路径是一个本地文件外,其他与下文的 put 命令相似。

(六)copyToLocal 命令

调用 copyToLocal 命令的方法如下：

hadoopfs－copyToLocal ［－ignorecrc］［－crc］URI＜localdst＞

以上方法除了限定目标路径是一个本地文件外,其他与后面的 get 命令类似。

(七)cp 命令

调用 cp 命令的方法如下：

hadoop fs－cp URI［URI...］＜dest＞

以上方法用于将文件从源路径复制到目标路径,这个命令允许有多个源路径,此时目标路径必须是一个目录。

如果要将文件 file1 从源路径复制到目录路径文件 file2 中,可使用如下命令：

hadoop fs－cp/user/hadoop/file1/user/hadoop/file2

hadoop fs－cp/user/hadoop/file1/user/hadoop/file2

以上代码若返回值为0,即表明复制目标路径成功;若返回值为－1,则表明复制目标路径失败。

(八)du命令

调用du命令的方法如下:

hadoop fs－duURI[URI...]

以上方法用于显示目录中所有文件的大小,或者当只指定一个文件时,显示此文件的大小。如果要显示dir1目录中file1文件,可使用以下命令:

hadoopfs－du/user/hadoop/dir 1 /user/hadoop/file 1 hdfs://host:port/user/hadoop/dir1

以上代码若返回值为0,即表明显示目标中所有文件大小成功;若返回值为－1,则表明显示目标中所有文件大小失败。

(九)dus命令

调用dus命令的方法如下:

hadoop fs－dus<args>

以上方法用于显示文件的大小。

(十)expunge命令

调用expunge命令的方法如下:

hadoop fs－expunge

以上方法用于清空回收站。

(十一)get命令

调用get命令的方法如下:

hadoop fs－get[－ignorecrc][－crc]<src><localdst>

以上方法用于复制文件到本地文件系统时,可用－ignorecrc选项复制CRC校验失败的文件,使用－crc选项复制文件以及CRC信息。

如果要将file文件复制到本地文件系统中,可使用以下命令:

hadoop fs－get/user/hadoop/file localrile

hadoop fs－get hdfs://host:port/user/hadoop/file localfile

以上代码若返回值为0,即表明复制文件成功;若返回值为－1,则表明复制文件失败。

(十二)getmerge 命令

调用 getmerge 命令的方法如下：

hadoop fs－getmerge＜src＞＜localdst＞[addnl]

以上方法用于接收一个源目录和一个目标文件作为输入，并且将源目录中所有文件连接成本地目标文件。addnl 是可选的，用于指定在每个文件结尾添加一个换行符。

(十三)Is 命令

调用 Is 命令的方法如下：

hadoop fs－Is＜args＞

如果是文件，则按照如下格式返回文件信息：

文件名〈副本数〉文件大小、修改日期、修改时间、权限、用户 ID、组 ID

如果是目录，则返回它直接子文件的一个列表，就像在 UNIX 中一样。目录返回列表的信息如下：

目录名〈dir〉修改日期、修改时间、权限用户 ID、组 ID

例如，如果要返回文件 file1 文件信息，使用以下命令：

hadoop fs － Is/user/hadoop/file 1/user/hadoop/file2 hdfs://host：port/user/hadoop/ dir1/ nonexistentfile

以上代码若返回值为 0，即表明返回文件信息成功；若返回值为－1，则表明返回文件信息失败。

(十四)Isr 命令

调用 Isr 命令的方法如下：

hadoopfs－Isr＜args＞

Isr 命令的递归版本，类似于 UNIX 中的 Is－R。

(十五)mkdir 命令

调用 mkdir 命令的方法如下：

hadoop fs－mkair＜paths＞

以上方法用于接收路径指定的 uri 作为参数，创建这些目录，其行为类似于 UNIX 的 mkdir－p，它会创建路径中的各级父目录。

如果要在同一主机上接收路径 dir2 作为参数，并创建目录，其使用以下命令：

hadoop fs－mkdir/user/hadoop/dir1/user/hadoop/dir2

如果在不同主机上接收 dir 作为参数，并创建目录，其使用以下命令：

hadoop fs － mkdir hdrs：//host：port1/user/hadoop/dir hdis：//host2：port2/user/hadoop/cur

以上代码若返回值为 0，即表明指定路径成功；若返回值为－1，则表明指定路径失败。

(十六)moveFromLocal 命令

调用 moveFromLocal 命令的方法如下：

dfs－moveFromLocal＜src＞＜dst＞

以上方法用于输出一个"not implemented"信息。

(十七)mv 命令

调用 mv 命令的方法如下：

hadoop fs－mv URI[URL...]＜dest＞

以上方法将文件从源路径移动到目标路径。这个命令允许有多个源路径，此时目标路径必须是一个目录。不允许在不同的文件系统间移动文件，不支持文件夹重命名。

例如，如果要将文件 file 1 从源路径移到目标路径文件 file2 中，使用以下命令：

hadoop fs－mv/user/hadoop/file1/user/hadoop/file2

hadoop fs － mvhdfs：//host：port/file1 hdfs：//host：port/file2 hdfs：//host：port/file3 hdfs：// host：port/dir1

以上代码若返回值为 0，即表明移动路径成功；若返回值为－1，则表明移动路径失败。

(十八)put 命令

调用 put 命令的方法如下：

hadoop fs－put＜localsrc＞...＜dst＞

以上方法从本地文件系统中复制单个或多个源路径到目标文件系统，也支持从标准输入中读取、输入、写入目标文件系统。

例如，将本地文件系统复制单个文件到目标文件系统，使用如下代码：

hadoopfs－put localfile /user/hadoop/hadoopfile

例如，将本地文件系统复制多个文件到目标文件系统，使用如下代码：

hadoopfs – put localfile1 localnle2/user/hadcx）p/hadoopdir

例如,将本地文件系统复制单个源路径到目标文件系统,使用如下代码:

hadoopfs – put localfile hdfs://host:port/hadcx）p/nadoopfile

例如,将本地文件系统复制多个源路径到目标文件系统,使用如下代码:

hadoopfs – put－hdfs://host:port/hadoop/hadoopfile

以上代码若返回值为 0,即表明复制文件或路径成功;若返回值为－1,则表明复制文件或路径失败。

(十九)rm 命令

调用 rm 命令的方法如下:

hadoopfs – rm URI[URI...]

以上方法用于删除指定的文件,只删除非空目录和文件。

例如,如果要删除主机中指定的文件 file,可使用以下代码:

hadoopfs – rm hdfs://host:port/file/user/hadoop/emptydir

以上代码若返回值为 0,即表明删除指定文件成功;若返回值为－1,则表明删除指定 文件失败。

(二十)rmr 命令

调用 rmr 命令的方法如下:

hadoopfs – rmr URI[URL...]

以上方法用于 delete 的递归版本。

例如,如果要删除目录 dir,可使用以下代码:

hadoopfs – rmr/user/hadoop/dir

hadoopfs – rmr hdfs://host:port/user/hadoop/air

以上代码若返回值为 0,即表明删除目录成功;若返回值为－1,则表明删除目录失败。

(二十一)setrep 命令

调用 setrep 命令的方法如下:

hadoop fs – setrep[– R]vpath>

以上方法用于改变一个文件的副本系数,– R 选项用于递归改变目录下所有文件的副本系数。例如,如果要递归改变系统目录 dir1 所有文件系数的副本系数 3,可使用以下命令:

hadoopfs – setrep – w3 – R/user/hadoop/dir1

以上代码若返回值为 0,即表明递归改变成功;若返回值为一1,则表明递归
改变失败。

(二十二)stat 命令

调用 stat 命令的方法如下:

hadoopfs - stat URI[URI...]

以上方法用于返回指定路径的统计信息。

例如,如果要返回指定路径的统计信息,其可实现代码为:

hadoopis - statpath

以上代码若返回值为 0,即表明返回统计信息成功;若返回值为一1,则表明
返回统计信息失败。

(二十三)tail 命令

调用 tail 命令的方法如下:

hadoop fs - tail [- f]URI

以上方法用于将文件尾部 IKB 的内容输出到 stdout。支持- f 选项,行为和
UNIX 中一致。

例如,如果要将文件尾部内容输出到 pathname 中,其实现代码如下:

hadoopfs - tail pathname

以上代码若返回值为 0,即表明输出成功;若返回值为一1,则表明输出
失败。

(二十四)test 命令

调用 test 命令的方法如下:

hadoopfs - test -[ezd]URI

其中,- e 检查文件是否存在。如果存在,则返回 0。- z 检查文件是否是 0 字节。
如果是,则返回 0。- d 检查路径。如果路径是个目录,则返回 1,否则返回 0。

例如,如果要检测指定文件 filename 中的- e 文件是否存在,可使用以下
代码:

hadoopfs - test - e filename

(二十五)text 命令

调用 text 命令的方法如下:

hadoopfs - text<src>

以上方法用于将源文件输出为文本格式,其允许的格式有 zip 和 TextRecordlnputStream。

(二十六)touchz 命令

调用 touchz 命令的方法如下:

hadoopfs - touchz URI[URI...]

以上方法用于创建一个 0 字节的空文件。

例如,如果要创建一个 0 字节的空文件 pathname,其使用代码如下:

haoop - touchz pathname

以上代码若返回值为 0,即表明创建成功;若返回值为 -1,则表明创建失败。

二、API 使用

API 的组成如表 4-4-1 所示。

表 4-4-1 API 的组成

包 名	说 明
org. apache. hadoop. conf	定义了系统参数的配置文件处理 API
org. apache. hadoop. fs	文件系统的抽象,可理解为支持多种文件系统实现的统一文件访问接口
org. apache. hadoop. dfs	Hadoop 分布式文件系统(HDFS)模块的实现
org. apache. hadoop. io	定义了通用的 I/O APL,用于针对网络、数据库、文件等数据对象做读写操作
org. apache. hadoop. jpc	用于网络服务端和客户端的工具,封装网络异步 I/O 的基础模块
org. apache. hadoop. mapred	Hadoop 分布式计算系统(Map Redcue)模块的实现,包括任务的分发调试等
org. apache. hadoop. metrics	定义了用于性能统计信息的 API,主要用于 mapred 和 dfs 模块
org. apache. hadoop. record	根据 DDL(数据描述语言)自动生成它们的编解码函数,目前可以提供 C++ 和 Java
org. apache. hadoop. tools	定义了一些通用的工具
org. apache. hadoop. util	定义了一些公用的 API

续表

包　名	说　明
org. apache. hadoop. filecache	提供 HDFS 的本地缓存,用于加快 Map/Reduce 的数据访问速度
org. apache. hadoop. net	封装部分网络功能,如 DNS、socket
org. apache. hadoop. security	用户和用户组信息
org. apache. hadoop. http	基于 Jetty 的 HTTP Servlet,用户通过浏览器可观察文件系统的一些状态信息和日志
org. apache. hadoop. log	提供 HTTP 访问日志的 HTTP Servlet

下面介绍文件系统的一些常见操作。

(一)从本地文件系统复制文件到 HDFS 中

在 Hadoop 中如果要将文件从本地系统中复制到 HDFS 中,其可实现代码如下:

Conriguration config＝newConnguration();
FileSystem hdfs＝FileSystem. get(confing);
Path srcPath＝new Path(srcFile);
Path dstPath＝new Path(dstFile);
hdfs. copyFromLocalFile(srcPath,dstPath);

(二)创建 HDFS 文件

如果要在 Hadoop 中创建 HDFS 文件,其可实现代码如下:

Configuration config＝new Configuration();
FileSystem hdfs＝FileSystem. get(config);
Path path＝new Path(filename);
FSDataOutDutStream outputStream＝hdfs. create(path);
outputStream. write(buff,0,buff. length);

(三)重命名 HDFS 文件

如果要在 Hadoop 中重命名 HDFS 文件,其可实现代码如下:

Configuration config＝new Configuration();
FileSystem hdfs＝FileSystem. get(conng);

```
Path fromPath=new Path(fromFileName);
Path toPath=new Path(toFileName);
boolean isRenamed=hdfs. rename(fromPath,toPath);
```

(四)删除 HDFS 文件

如果要在 Hadoop 中删除 HDFS 文件,其可实现代码如下:

```
Configuration config=new Configuration();
FileSystem hdfs=FileSystem. get(config);
Path path=new Path(fileName);
boolean isDeleted=hdfs. delete(path);
```

(五)获取 HDFS 文件最后修改时间

如果要在 Hadoop 中获取 HDFS 文件最后修改时间,其可实现代码如下:

```
Configuration config=new Configuration();
FileSystem hdfs=FileSystem. get(config);
Path path=new Path(fileName);
FileStatus fileStatus=hdfs. getFileStatus(path);
long modificationTime=fileStatus. getModificationTime
```

(六)检查一个文件是否存在

如果要在 Hadoop 中检查一个文件是否存在,其可实现代码如下:

```
Configuration config=new Configuration();
FileSystem hdfs=FileSystem. get(conng);
Path path=new Path(fileName);
boolean isExists=hdfs. exists(path);
```

(七)获取文件在 HDFS 集群的位置

如果要在 Hadoop 中获取文件在 HDFS 集群的位置,其可实现代码如下:

```
Configuration config=new Configuration();
FileSystem hdfs=FileSystem. get(config);
Path path=new Path(fileName);
FileStatus fileStatus=hdfs. getFileStatus(path);
String[][] locations=fileCacheHints[0];
```

(八)获取 HDFS 集群中主机名列表

如果要在 Hadoop 中获取 HDFS 集群中主机名列表,其可实现代码如下:

```
Configuration config＝new Configuration();
FileSystem hdfs＝FileSystem get(config);
DistributedFileSystem hdfs＝(DistributedFileSystem)fs;
DatanodeInfo[] dataNodeStte＝hdfs. getDataNodeState();
String[] names ＝ new Strig[dataNodeStats. length]; for(int i＝0;i＜
dataNodeStats. length;i＋＋)
    {
    names[i]＝dataNodeStats[i]. getHostName();
    }
```

第五章　HBase 存储百科数据技术

第一节　HBase 系统框架

HDFS 是底层的数据存储系统，为 Hadoop 集群提供高吞吐量的数据导入与输出，适用于对大数据集合进行访问和处理的应用场景。Map Reduce 是一个利用分布式集群的整体计算资源对大数据集进行批处理的计算系统，和 HDFS 搭配着使用，共同构成分布式的基础。

一、HBase 的商业应用和研究现状

互联网技术已飞速发展了几十年，移动互联网的崛起更如火如荼，基于 IOS 和 Android 平台的智能手机已经是遍地开花，使得用户接入互联网的方式和行为发生翻天覆地的变化。量变引发质变，各行各业无论愿意与否，也在不知不觉经历着深刻变革。如何有效管理和使用这些数据，通过不同的模型在不同的行业中让它真正发挥作用，为企业的业务服务，成为一个技术问题。作为大数据概念的基础，数据的存储管理模式越来越受重视。

(一)HBase 的商业应用

各种管理数据的技术在不断创新，其中 Hadoop 开源产品系列在商业实践中获得了广泛认可，几近成为事实上的大数据管理行业标准。而 HBase 正是 Hadoop 产品系列里的分布式数据库，主要应用于在线应用系统。当访问淘宝、FaceBook，或者访问搜索引擎、电商门户、视频网站时，或多或少都要使用某些基于 HBase 的应用服务。在互联网公司里，HBase 和 Hadoop 的应用已经有些年头了。目前，越来越多的传统企业也对它们表现出了浓厚的兴趣，在电信、金融、生物制药、智能交通、医疗、智能电网等行业，越来越多的企业用户和解决方案提供商正在尝试使用 HBase 和 Hadoop 技术。小米公司将 HBase 应用于 OLTP(联机事务处理系统)以及一些相关的离线分析场景中，典型的应用包括小米云服务，人们常用的通话记录、短信、云相册等，这些服务的结构化数据存储

在 HBase 上,淘宝使用 HBase 来记录过去已经买的商品,以及用户在淘宝网站的浏览记录,做出广告分析,以便更好地为用户服务;360 搜索使用爬虫持续抓取网页,并将这些页面一页一页地存储到 HBase 中,然后对整张表建立索引,建立起相应的网络搜索;在传统企业领域,中信银行启动了基于 Hadoop&HBase 技术构建的"数据银行"大数据平台项目,以期通过建立在大数据和新技术基础上的支付方式、数据挖掘和财务管理的变革,产生新的经营模式和盈利模式。

(二)HBase 的研究现状

目前针对 HBase 的研究,大致可以分为两类:一是对 HBase 系统本身的优化,设计各种中间件和二级索引框架,来更简单、高效、安全地存储海量数据;二是面向应用,探寻如何在具体的情境下使用 HBase,涉及的行业包括商业智能、地理信息学、生物信息学、物理研究领域等。

在 HBase 系统结构设计方面,因为 HBase 产生的时间不长,且版本在不断迭代,不断有新的特性被添加进 HBase 架构,多数公司和研究室在应用 HBase 的同时也为 HBase 的框架修改贡献自己的设计成果。

针对 HBase 与 Map Reduce 或 Hive 结合使用时,分布式查询性能下降、耗时过长,并且 HBase 本身不兼容关系型数据库的 SQL 语句的问题,提出了可扩展查询优化方案(HBase DSPE),将 HBase 的特点和 SQL 的易用性结合,实现查询性能的调优。

针对 HBase 全表扫描查询效率低的问题,实现了一种基于 HBase 协处理器的服务端第二索引扩展,使用服务端集群对索引进行维护和查询,减少客户端与服务器集群的网络通信开销,更灵活地实现 HBase 的条件查询,有效满足集群应用中针对数据二级索引的查询需求。随着大数据概念的快速传播,及技术方案的不断成熟,HBase 在各领域中的应用场景不断被挖掘。

对多种互联网搜索引擎技术进行总结,设计了基于 HBase 分布式查询的索引算法。采用分布式倒排索引,将网页文本进行空间关键字分词,建索引表。

针对互联网电视业务产生的用户行为数据结构各异且数据量大的特点,从性能和成本考虑,设计了基于 HBase 的互联网电视用户行为分析系统架构,对非结构化的用户行为数据进行挖掘分析。

从功能和性能上深入分析了微博系统的存储要求,对比 Redis、HBase 和 MongoDB 三种采用不同存储模型的 NOSQL 数据库的特点,设计了满足微博系统实时性、并发性、扩展性、可靠性要求的数据存储方案,为异构大数据环境下的数据存储提出了解决思路。

二、HBase 存储空间大数据的研究现状

空间查询需要占用大量的磁盘 I/O 以及 CPU、内存等资源消耗。传统的空间数据库使用 Spatial SQL 空间检索语言,对于百兆或千兆的数据量有较好的读写性能。然而,空间数据的处理通常是高 I/O 和高计算资源消耗的,使用单一数据库进行空间数据处理,有时单个操作可能需要消耗数分钟乃至数小时。当数据量过大并且访问数据的人非常多时,传统的空间数据库无法满足实时查询的要求。现在一些具有可扩展性的 NoSQL 数据库,如 HBase、BigTable 等,适合存储管理非结构化大数据和半结构化大数据,对于空间数据的存储是不错的替换选择。然而,由于这些数据库直接使用行键而不是空间索引进行检索,不适合直接建立对空间对象的有效索引。如何在行键索引与空间索引之间建立关联,在保持原有的空间信息的情况下,将多维度的空间位置转化为一维的 HBase 行键,成为国内外相关研究的热点。

有些学者认为每个图层设计一张表,以空间对象的 ID 作为表的行键。为了提高查询效率,设计了空间索引。基本思想是采用网格法,按照 1∶50 000 的比例尺将全球划分为 18 000×18 000 个网格,网格的顺序值由 Hilbert 空间填充曲线确定。以网格顺序值作为表的行键,以该网格涉及的空间对象作为该行记录各列的值,将数据存储到 HBase 数据库中。使用 Map Reduce 分布式计算框架,减少构建空间索引的时间。

有些学者提出利用 HBase 提供的过滤器机制,将多维的空间信息查询转化为 HBase 中一维的行键操作。行键设计为空间对象的几何中心横坐标(11 字节)+纵坐标(10 字节)+图层(3 字节),几个要素混合构成行键。扫描时,先按横坐标后按纵坐标查找对象,这种方式造成南北位置间的跳跃,空间上接近的元素可能分布在 HBase 集群不同的存储位置上,每次查询都会读取很多不需要的数据。

使用网格法对地理空间进行划分,并将网格 ID 作为行键的一部分。利用 HBase 行键的按字典排序功能,在指定网格中查询空间几何对象。目前,基于 HBase 存储空间数据的研究刚刚起步,相关成熟的理论方法不多。本节基于经典的 GeoHash 空间降维方法,利用 HBase 一维行键的特点,合理设计表模式,优化查询流程,使设计具有较好的查询性能。

三、HBase 的系统框架

图 5-1-1 所示为 Hadoop EcoSystem 中的各层系统,其中 HBase 位于结构化存储层,Hadoop HDFS 为 HBase 提供了高可靠性的底层存储支持,Hadoop Map Reduce 为 HBase 提供了高性能的计算能力,ZooKeeper 为 HBase

提供了稳定服务和 failover 机制。

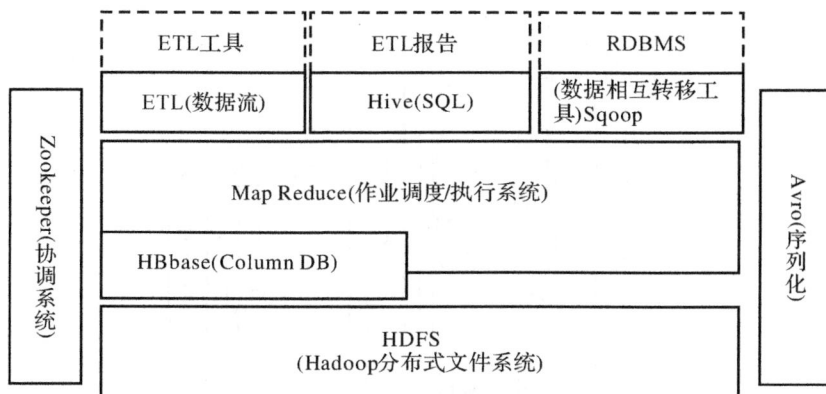

图 5-1-1　Hadoop EcoSystem 的各层系统示意图

此外,Pig 和 Hive 还为 HBase 提供了高层语言支持,使得在 HBase 上进行数据统计处理变得非常简单。Sqoop 则为 HBase 提供了方便的 RDBMS 数据导入功能,使得传统数据库数据向 HBase 中迁移变得非常方便。

HBase 的系统框架如图 5-1-2 所示,现对各部分说明如下。

(一)Client

HBase Client 使用 HBase 的远程过程调用协议机制(Remote Procedure Call Protocol,RPC)与 HMaster 和 HRegionServer 进行通信。对于管理类操作,Client 与 HMaster 进行 RPC;对于数据读写类操作,Client 与 HRegionServer 进行 RPC。

(二)ZooKeeper

除在 ZooKeeper Quorum 中存储了-ROOT-表的地址和 HMaster 的地址外,ZooKeeper 也实现了将 HRegionServer 以 Ephemeral 方式注册到 Quorum 中,使得 HMaster 可以随时感知到各个 HRegionServer 的健康状态。此外,ZooKeeper 也避免了 HMaster 的单点问题。

(三)HMaster

HMaster 没有单点问题,HBase 中可以启动多个 HMaster,通过 ZooKeeper 的 Master Election 机制保证总有一个 Master 在运行。HMaster 在功能上主要负责 Table 和 Region 的管理工作。

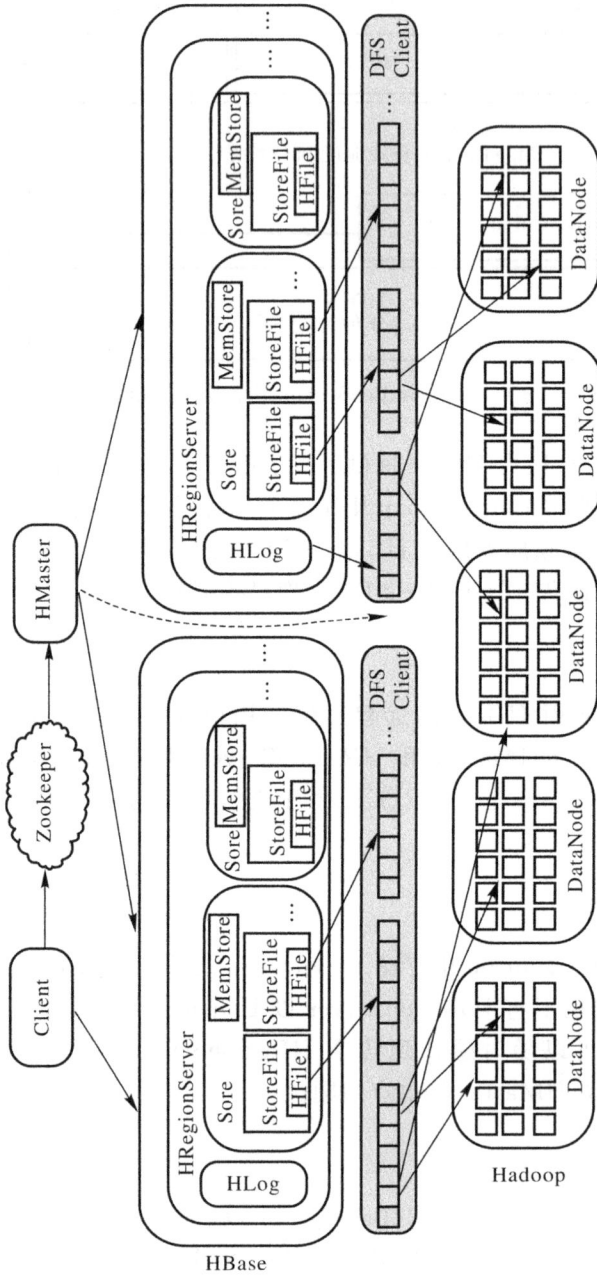

图 5-1-2　HBase系统框架

（1）管理用户对 Table 的增加、删除、修改、查询操作。

（2）管理 HRegionServer 的负载均衡，调整 Region 分布。

（3）在 Region Split 后，负责新 Region 的分配。

（4）在 HRegionServer 停机后，负责失效 HRegionServer 上的 Region 迁移。

（四）HRegionServer

HRegionServer 主要负责响应用户 I/O 请求，向 HDFS 文件系统中读写数据，是 HBase 中最核心的模块。

HRegionServer 内部管理了一系列 HRegion 对象，每个 HRegion 对应 Table 的一个 Region，HRegion 由多个 HStore 组成。每个 HStore 对应 Table 中的一个 Column Family 的存储，可以看出每个 Column Family 其实就是一个集中的存储单元，因此最好将具备共同 I/O 特性的 column 放在一个 Column Family 中，这样最高效。

HStore 存储是 HBase 存储的核心，其由两部分组成，一部分是 MemStore，一部分是 StoreFile。MemStore 是 Sorted Memory Buffer。用户写入的数据首先会放入 MemStore，在 MemStore 满了以后会 Flush 成一个 StoreFile（底层实现是 HFile），当 StoreFile 文件数量增长到一定阈值时，会触发合并（Compact）操作，将多个 StoreFile 合并成一个 StoreFile，合并过程中会进行版本合并和数据删除，因此可以看出 HBase 其实只有增加数据，所有的更新和删除操作都是在后续的合并过程中进行的，这使得用户的写操作只要进入内存中就可以立即返回，保证了 HBase I/O 的高性能。StoreFile 合并后，会逐步形成越来越大的 StoreFile，单个 StecFile 大小超过一定阈值后，会触发 Split 操作，同时把当前 Region 拆分成（Split）2 个 Region，父 Region 会下线，新拆分出的 2 个子 Region 会被 HMaster 分配到相应的 HRegionServer 上，使得原先 1 个 Region 的压力得以分流到 2 个 Region 上。

在理解了上述 HStore 的基本原理后，还必须了解一下 HLog 的功能。因为上述的 HStore 在系统正常工作的前提下是没有问题的，但是在分布式系统环境中，无法避免系统出错或者宕机，因此一旦 HRegionServer 意外退出，MemStore 中的内存数据将会丢失，这就需要引入 HLog 了。每个 HRegionServer 中都有一个 HLog 对象，HLog 是一个实现 WriteAhead Log 的类，在每次用户操作写入 MemStore 的同时，也会写一份数据到 HLog 文件中，HLog 文件会定期滚动出新的并删除旧的文件（已持久化到 StoreFile 中的数据）。在 HRegionServer 意外终止后，HMaster 会通过 ZooKeeper 感知到，HMaster 首先会处理遗留的 HLog 文件，将其中不同 Region 的 Log 数据进行拆分,分别放到相应 Region 的目录下,然后将失效的 Region 重新分配,领取到这些 Region 的 HRegionServer。在 LoadRegion 的过程中,会发现有历史 HLog 需要处理,因此会把 HLog 数据重新放到 MemStore 中,然后 flush 到 StoreFiles,完成数据恢复。

HBase 中有两张特殊的 Table,即—ROOT—和.META.,这两张特殊表的关系图如图 5－1－3 所示。

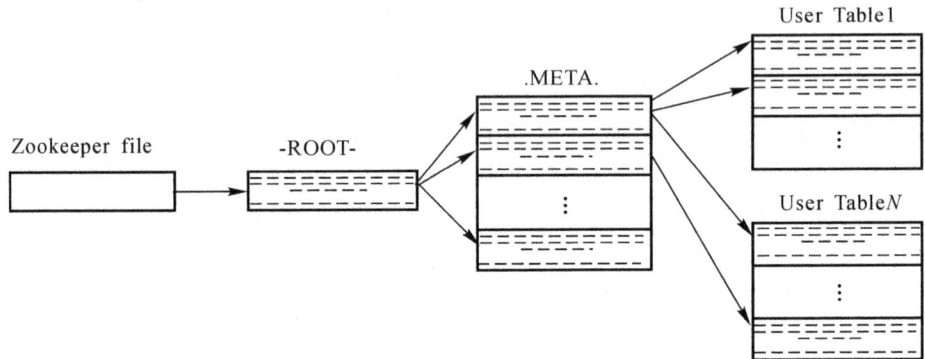

图 5－1－3　－ROOT－和.META.表的关系

(1).META.:记录了用户表的 Region 信息,.META.可以有多个 Region。

(2)-ROOT-:记录了.META.表的 Region 信息,-ROOT-只有一个 Region。

(3)ZooKeeper 中记录了-ROOT-表的 location(位置)。

Client 访问用户数据之前需要首先访问 ZooKeeper,然后访问-ROOT-表,接着访问.META.表,最后才能找到用户数据的位置去访问,中间需要多次网络操作,不过 client 端会做缓存(cache)。

四、RDBMS 与 HBase

RDBMS 系统是在 E.F.Codd 博士(IBM 的研究员)发表的论文《大规模共享数据银行的关系型模型》基础上设计出来的。它通过数据、关系和对数据的约束三者组成的数据模型来存放和管理数据。几十年来,RDBMS 获得了长足的发展,目前许多企业的在线交易处理系统、内部财务系统、客户管理系统等大多采用了 RDBMS。字节级关系数据库在大型企业集团中已司空见惯。目前,业界普遍使用的关系数据库管理系统产品有 IBM DB2 通用数据库、Oracle、MySQL、SQL Server 等。

RDBMS 系统具有如下特点:

(1)数据以表格的形式出现;

(2)每行为各种记录名称;

(3)每列为记录名称所对应的数据域;

(4)许多的行和列组成一张表单;

(5)若干的表单组成 database。

由于关系数据库的 ACID[是指数据库管理系统(DBMS)在写入或更新资料的过程中,为保证事务是正确可靠的,所必须具备的四个特性:原子性(atomicity,或称不可分割性)、一致性(consistency)、隔离性(isolation,又称独立性)、持久性(durability)]准则能够保证数据的一致性和完整性,并支持事务处理、存储过程、触发器等特性,其设计目的是面向结构化数据。在过去的几十年里,RDBMS 已经成功应用于无数的系统开发中。然而,随着新技术的发展和业界新需求的涌现,关系数据模型却并不能完美地解决当前的一些新的问题。

由于 RDBMS 的设计初衷不是考虑大规模可伸缩的分布式处理任务,所以现在很多采用了 RDBMS 产品的系统在面对大规模数据时显得力不从心。例如,在基于 RDBMS 系统的互联网应用中,应用部署初期访问较少,开发者也无法预测到用户访问的爆发点。一般开发者会先采用单台服务器来部署整个应用,但随着访问量的增多和用户数据的膨胀,单台服务器无法承受访问时,开发者不得不将系统架构换成主从结构(Master/Slave),通过复制(Replication)技术实现分布式的数据库访问,得到一定程度的数据一致性和可用性。然而,当用户并发写入进一步增加达到 Master 的极限时,开发者又得转而采用分区(Sharding)技术对表进行分区来分担压力,实现大批量数据的并行处理。

上述的例子中,RDBMS 的每一次转变都需要花费大量的人力和物力,而互联网应用的实时性能又会直接影响用户体验。在互联网应用井喷的今日,很难想象一个应用在经过一段时间的关闭维护后还能维持之前的发展速度。另外,这些技术大都属于后期添加的解决方案,一方面使得系统难以安装和维护,另一方面也常常要牺牲一些重要的 RDBMS 特性。为了解决这样的问题,需要一种能够面对大规模数据的、平滑可伸缩的数据库系统。

HBase 从设计初期就考虑到了可伸缩性的问题,其能够通过简单地增加节点来平滑地进行线性扩展。HBase 有别于关系数据库,其本身不提供对数据关系的支持,也不提供对 SQL 的支持。这使得 HBase 具有在廉价的硬件集群上管理超大规模的稀疏表的能力。这一点在商业上显得尤为重要,通过更低的成本即能获得更好的数据处理能力,并且具有高可用性和可扩展性,这正是云计算主要是由谷歌、亚马逊、IBM 等企业主导的原因之一。

五、数据大爆炸和 NOSQL 数据库

(一)数据大爆炸

2010 年,英特尔万亿级计算研究项目总监吉姆·海德(Jim Held)表示,"大量的数据,快速的增长,已经使我们无法处理。"

在这个信息时代中,有一条潜在的规则,即掌握信息即掌握资源和财富。随着全球信息化的推进,互联网服务日趋稳定,智能手机飞速普及以及企业的巨大需求,使得信息呈爆炸式增长。

面对数据大爆炸带来的海量数据,超大规模的数据存储和处理成为一个热门话题。业界迫切需要一种具有超大规模数据处理能力,并能够轻松管理数据的解决方案。特别是互联网企业,面对大量的用户数据,能够从用户数据中分析出越多的信息,在线广告投放或者用户感兴趣商品推荐等商业行为就越有针对性。因此,也就诞生了诸如 Hadoop 这样的能够应对 PB 级别数据的云计算平台,以及建立在 HDFS 上的分布式数据库 HBase。

(二)NoSQL 数据库的产生背景

NoSQL,指的是非关系型的数据库。随着互联网 Web 网站的兴起,传统的关系数据库在应付 Web 网站,特别是超大规模和高并发的 SNS 类型的 Web 动态网站时已经显得力不从心,暴露了很多难以克服的问题,而非关系型的数据库则由于其本身的特点得到了非常迅速的发展。

随着互联网 Web 网站的兴起,非关系型的数据库现在成了一个极其热门的新领域,非关系型数据库产品的发展非常迅速。

1. 对数据库的需求

首先,High performance 对数据库高并发读写的需求。Web 网站要根据用户个性化信息来实时生成动态页面和提供动态信息,所以基本上无法使用动态页面静态化技术,因此数据库并发负载非常高,往往要达到每秒上万次读写请求。关系数据库应付上万次 SQL 查询还勉强顶得住,但是应付上万次 SQL 写数据请求,硬盘 I/O 就已经无法承受了。其实普通的 BBS 网站往往也存在对高并发写请求的需求。

其次,Huge Storage 对海量数据的高效率存储和访问的需求。对于大型的社交网络服务(Social Networking Service,SNS)网站,每天用户产生海量的用户动态。以国外的 Friendfeed 为例,一个月就达到了 2.5 亿条用户动态,对于关系数据库来说,在一张 2.5 亿条记录的表里面进行 SQL 查询,效率是极其低下

乃至不可忍受的。又如，大型 Web 网站的用户登录系统，如腾讯、盛大，动辄数以亿计的账号，关系数据库也很难应付。

最后，High Scalability & High Availability 对数据库的高可扩展性和高可用性的需求。在基于 Web 的架构中，数据库是最难进行横向扩展的，当一个应用系统的用户量和访问量与日俱增的时候，数据库却没有办法像 Web Server 和 App Server 那样简单地通过添加更多的硬件和服务节点来扩展性能和负载能力。对于很多需要提供 24h 不间断服务的网站来说，对数据库系统进行升级和扩展是非常痛苦的事情，因为这意味着需要停机维护和数据迁移。因此，数据库可以通过不断地添加服务器节点来实现扩展。

2. 关系数据库面对的需求

在前面提到的"三高"需求面前，关系数据库遇到了难以克服的障碍，而对于 Web 网站来说，关系数据库的很多主要特性却往往无用武之地。

首先，数据库事务一致性需求。很多 Web 实时系统并不要求严格的数据库事务，对读一致性的要求很低，有些场合对写一致性要求也不高。因此，数据库事务管理成了数据库高负载下一个沉重的负担。

其次，数据库的写实时性和读实时性需求。对关系数据库来说，插入一条数据之后立刻查询，是肯定可以读出来这条数据的，但是对于很多 Web 应用来说，并不要求这么高的实时性。

最后，对复杂的 SQL 查询，特别是多表关联查询的需求。任何大数据量的 Web 系统，都非常忌讳多个大表的关联查询，以及复杂的数据分析类型的复杂 SQL 报表查询。特别是 SNS 类型的网站，从需求以及产品设计角度，就避免了这种情况的产生，往往更多的只是单表的主键查询，以及单表的简单条件分页查询，SQL 的功能被极大地弱化了。

3. NoSQL 数据库的产生

关系数据库在这些越来越多的应用场景下显得不那么合适了，为了解决这类问题的非关系数据库应运而生。

NoSQL 是非关系型数据存储的广义定义。它打破了长久以来关系数据库与 ACID 统一的局面。ACID，是指在数据库管理系统（DBMS）中事务所具有的四个特性：原子性（Atomicity）、一致性（Consistency）、隔离性（Isolation，又称独立性）、持久性（Durability）。NoSQL 数据存储不需要固定的表结构，通常也不存在连接操作。在大数据存取上具备关系数据库无法比拟的性能优势。

当今的应用体系结构需要数据存储在横向伸缩性上能够满足需求。而 NoSQL 存储实现了这个需求。谷歌的 BigTable 与 Amazon 的 Dynamo 是非常成功的商业 NoSQL 实现。一些开源的 NoSQL 体系,如 Facebook 的 Cassandra、Apache 的 HBase,也得到了广泛认同。从这些 NoSQL 项目的名字上看不出什么相同之处,如 Hadoop、Voldemort、Dynomite,当然还有其他很多项目。

(三)NoSQL 的优缺点

1. NoSQL 的优点

第一,它们可以处理超大量的数据。

第二,它们运行在便宜的 PC 服务器集群上。PC 集群扩充起来非常方便并且成本很低,避免了 sharding 操作的复杂性和高成本。

第三,它们击碎了性能瓶颈。NoSQL 的支持者称,通过 NoSQL 架构可以省去将 Web 或 Java 应用和数据转换成 SQL 友好格式的时间,执行速度变得更快。

第四,没有过多的操作。虽然 NoSQL 的支持者也承认关系数据库提供了无可比拟的功能集合,而且在数据完整性上发挥也绝对稳定,但他们也表示,企业的具体需求可能没有那么多。

第五,Bootstrap 支持。因为 NoSQL 项目都是开源的,因此它们缺乏供应商提供的正式支持。这一点它们与大多数开源项目一样,不得不从社区中寻求支持。

2. NoSQL 的缺点

第一,一些人认为,没有正式的官方支持,万一出了差错会是可怕的,至少很多管理人员是这样看的。

第二,很多管理人员是这样看的:"我们确实需要做一些说服工作,但基本在他们看到我们的第一个原型运行良好之后,我们就能够说服他们,这是条正确的道路。"

第三,NoSQL 并未形成一定标准,各种产品层出不穷,内部混乱,各种项目还需时间来检验。

六、HBase 的特点

HBase 在支持水平和模块化扩展方面有很多特点,HBase 集群能够通过增加普通的商用机器来运行 RegionServer 进行集群扩展。集群节点的增加,在扩展存储能力的同时,也会提高处理能力。HBase 扩展性能有别于 RDBMS,后者只能朝着增加单个数据库服务器的容量方面扩展,但计算能力很难提高,甚至会因为集群拓扑结构的复杂而降低查询效率。

(一)Hbase 的特性

第一,读写强一致性。HBase 没有采用最终一致性的数据存储模型,同一行数据的读写只在同一台 RegionServer 上进行。

第二,自动分区(Sharding)。HBase 表的数据以 Region 的形式分布在集群中,Region 能够在数据足够多时进行自动分割。

第三,RegionServer 自动灾难恢复(Failover)。

第四,与 Hadoop/HDFS 整合。HBase 支持 HDFS 作为底层分布式文件系统。

第五,支持 Map Reduce。支持以 HBase 数据作为 Map Reduce 的输入或输出,进行大规模数据并行处理。

第六,Java 客户端 API0 HBase 支持通过简单易用的 JavaAPI 编程访问数据。

第七,Thrift/RESTAPL HBase 支持通过 Thrift 和 REST 作为非 Java 的前端。

第八,块缓存(Block Cache)与布隆过滤器(Bloom Filter)。HBase 采用块缓存机制和布隆过滤器算法实现大容量数据的查询优化,查询速度快。

第九,动态管理。

HBase 具有上述的特点,但并不是说 HBase 就适合所有的问题。什么时候使用 HBase 更合适呢? 第一,保证数据量足够大。如果表中有数以千万计的行,那么 HBase 为一个不错的候选对象。如果数据库中的表只有不足百万行,那么传统的 RDBMS 已经足够了,因为单个节点已经可以容纳这些数据,因此集群中其他的节点将会处于空闲状态。第二,保证有充足的硬件。集群的节点数应该至少有 6 个,这是由于 HDFS 在少于 5 个 DataNode 时并不能很好地工作。另外,还要加上 1 个 NaineNode。

(二)HBase 的优点

第一,列可以动态增加,并且列为空就不存储数据,节省存储空间。
第二,HBase 自动切分数据,使得数据存储自动具有水平 scalability。
第三,HBase 可以提供高并发读写操作的支持。

(三)HBase 的缺点

第一,不能支持条件查询,只支持按照 Rowkey 来查询。

第二,暂时不能支持 Master Server 的故障切换,在 Master 宕机后,整个存储系统就会挂掉。

第二节　HBase 接口

一、HBase 访问接口

HBase 访问接口类型主要有以下几种。

(1)Native Java API:最常规和高效的访问方式,适合 Hadoop Map Reduce Job 并行批处理 HBase 表数据。

(2)HBase Shell:HBase 的命令行工具,最简单的接口,适合 HBase 管理使用。

(3)Thrift Gatewayoo:利用 Thrift 序列化技术,支持 C＋＋、PHP、Python 等多种语言,适合其他异构系统在线访问 HBase 表数据。

(4)REST Gateway:支持 REST 风格的 Http API 访问 HBase,解除了语言限制。

(5)Pig:可以使用 PigLatin 流式编程语言来操作 HBase 中的数据,与 Hive 类似,本质最终也是编译成 Map Reduce Job 来处理 HBase 表数据,适合做数据统计。

(6)Hive:当前 Hive 的 Release 版本支持 HBase,目前最新的版本 Hive0.10.0 可以使用类似 SQL 语言来访问 HBase。

二、HBase 的存储格式

HBase 中的所有数据文件都存储在 Hadoop HDFS 文件系统上,其中主要包括上述提出的两种文件类型,分别为 HFile 与 HLogFile。下面分别给予介绍。

(一)HFile 格式

HFile 格式是指 HBase 中 Key Value 数据的存储格式,HFile 是 Hadoop 的二进制格式文件,实际上 StoreHle 就是对 HFile 做了轻量级包装,即 StoreFile 底层就是 HFile。HFile 文件是不定长的,长度固定的只有其中的两块,分别为 Trailer 和 Fileinfo。其中 Trailer 的指针指向其他数据块的起始点。File Info 中记录了文件的一些 Meta 信息,如 AVG_KEY_LEN、AVG_VALUE_LEN、LASTJCEY、COMPARATOR、MAX_SEQ_ID_KEY 等。Data Index 和 Meta

Index 块记录了每个 Data 块和 Meta 块的起始点。

Data Block 是 HBase I/O 的基本单元，为了提高效率，HRegionServer 中有基于 LRU 的 Block Cache 机制。每个 Data 块的大小可以在创建一个 Table 的时候通过参数指定，大号的 block 利于顺序查询（Scan），小号的 block 利于随机查询。每个 Data 块除了开头的 Magic 以外就是一个个 Key/Value 对拼接而成的，Magic 内容就是一些随机数字，目的是防止数据损坏。

HFile 里面的每个 Key/Value 对就是一个简单的 byte 数组，但是这个 byte 数组里面包含了很多项，并且有固定的结构。其里面的具体结构为：开始是两个固定长度的数值，分别表示 Key 的长度和 Value 的长度。首先是 Key，为固定长度的数值，表示 RowKey 的长度；接着是 RowKey，为固定长度的数值，表示 Family 的长度；然后是 Qualifier，为固定长度的数值，表示 Time Stamp 和 Key Type（Put/Delete）；最后为 Value，这部分没有复杂的结构，就是纯粹的二进制数据。

（二）HLog File 格式

HBase 中 WAL（Write Ahead Log）的存储格式是物理上 Hadoop 的序列文件（Sequence File）。其实 HLog 文件就是一个普通的 Hadoop Sequence File，Sequence File 的 Key 是 HLogKey 对象，HLogKey 中记录了写入数据的归属信息，除了 table 和 region 名字外，还包括 sequence number 和 timestamp，timestamp 是写入时间，sequence number 的起始值为 0，或者是最近一次存入文件系统中的 sequence number。

HLog Sequence File 的 Value 是 HBase 的 Key Value 对象，即对应 HFile 中的 Key/Value。

三、HBase 的读写流程

HBase 的内部通过－ROOT－和. META. 两个目录表维护集群的当前状态、最近历史和 Region 位置信息等。. META. 表维护用户数据空间所有 Region 的信息，本身也被分成多个 Region，存在不同的 Region Server，. META. 表的 Region 信息由－ROOT－表维护。－ROOT－目录表的位置信息由 ZooKeeper 维护。构成数据表的所有 Region 的第一行均为该表的访问入口，由于行关键字是有序的，因此查找包含某行的 Region 实际上就是查找行关键字大于或等于请求关键字的第一个入口。

HBase 的每个 Region 在物理上被分成 Memcache、Log 和 Store 三个部分，分别代表缓存、日志和持久存储。Memcache 是为了提高效率在内存中建立的缓存，保证最近操作过的数据能被快速读取和修改；Log 用于同步 Memcache 和

Store 的事务日志;Store 就是 HDFS 文件系统的存储区域。

（一）HBase 的读数据流程

（1）客户端连接 ZooKeeper,获取－ROOT－节点的位置信息。

（2）客户端咨询－ROOT－节点,定位包含请求行的.META.Region 范围。

（3）客户端查找.META.Region,获取包含用户数据的 Region 及其所在位置。

（4）客户端与 Region Server 直接交互,读取数据。

为了避免每次读数据前三次的准确性,客户端会缓存所有从－ROOT－表和.META.表学习到的信息,包括位置信息及用户空间 Region 的起始行、结束行。客户端通过这些缓存信息快速定位数据,直到出现错误,如果 Region 被移除,这时客户端将重新询问.META.表以获取新的位置信息。同样,如果.META.Region 被移除,客户端将向上查找－ROOT－表。客户端读取 Region 信息时,优先读取 Memcache 中的内容。

（二）HBase 的写数据流程

（1）客户端将数据添加到 Log 文件中,接着把数据写入 Memcache 中。

（2）当 Memcache 填满时,内容被持久存储到 HDFS 文件系统的 Store 中。

（3）Region Server 周期性地发起 Flush Cache 命令,将 Memcache 中的数据持久存储到 Store,同时清空 Memcache。

第三节 HBase 存储模块设计

在 Fotospedm 的设计过程中,对后台数据库的设计是非常重要的环节。由于 Fotospedia 的所有数据都存储在数据库中,所以数据库设计的合理与否将直接影响系统的性能。该项目面向的是数以百计的百科条目,而每个条目中可能容纳着无限多的图片,因此考虑到水平可扩展性是非常必要的。此外,随着图像百科用户数的增多,后台上传的图片将会是海量的,当系统面对海量的图片库时再进行图像检索将会是一个十分困难的问题。因此,系统的分区容忍性和并行处理性能是非常重要的。得益于 HBase 的透明化可伸缩性和 Map Reduce 的支持,采用 HBase 作为 Fotospedia 项目的数据库,是合理和高效的。

一、数据库模块总体设计

在图像百科系统中,HBase 用来持久化数据。因此,系统中的数据库模块需要与图像百科系统的业务逻辑进行交互。这种交互主要包括以下几部分。

(一)百科数据交互

此处以维基百科为例。对从维基百科抓取的百科数据,首先通过 Map Reduce 进行解析,得到具体的条目并存储到 HBase 中。然而,对用户查询命中的条目,需要从 HBase 中读取,并返回给用户。

(二)条目图片编辑

用户编辑百科条目时,主要是对百科条目中包含的图片进行增加或者删除。用户添加的图片,需要获得在 HDFS 上的地址,并存入数据库,还要更新条目中图片的地址信息。对于删除的图片,则在数据库中删除相应信息。

(三)用户信息编辑

用户信息编辑部分主要从业务逻辑模块获取对用户信息的编辑操作,并在数据库中进行相应的更新。对用户信息的更新主要包括新用户注册、用户信息更新和删除用户等几种。

根据上述交互内容,可以得到数据库模块的总体设计图,如图 5-3-1 所示。

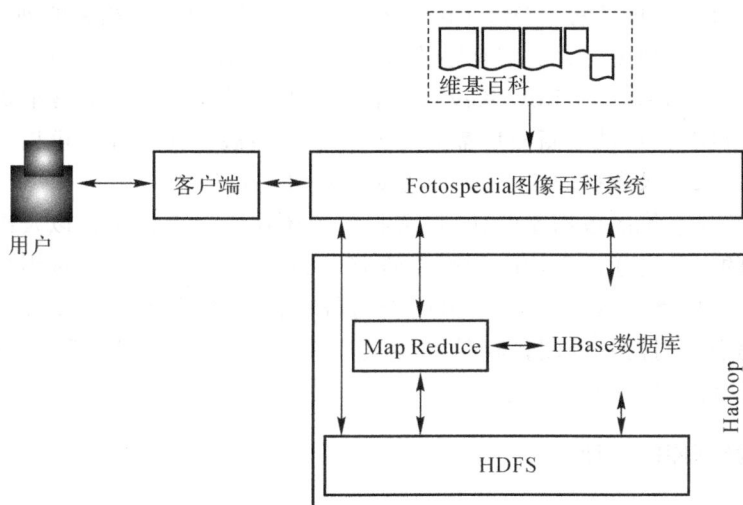

图 5-3-1　数据库模块总体设计图

数据库模块的总体设计思路是对图像百科系统提供数据持久化支持,能够结合 Map Reduce 完成数据的并行处理和分析。数据库设计方面需要能够完整地实现百科系统的功能,并尽量提高性能。

二、模块详细设计

在确定数据库的总体设计思路后,进一步完成对系统中的数据库表的设计。由于 HBase 是面向列的分布式数据库系统,因此数据库设计过程并不能像 RDBMS 那样通过 ER 图转化到物理设计。

(一)HBase 数据库特点

第一,HBase 较为简单的数据模型。由于不存在关系约束等,所以在数据库表的设计上应该简单些。

第二,HBase 面向列存储的特点。读取同列数据往往具有更高的性能,在设计中应该考虑列的划分。

第三,HBase 中空单元格不占空间。其实这个特点是面向列存储的结果,这使得读者可以不必像设计关系数据库那样,将一对多和多对多关系分裂成多张表来存储,而是可以直接将数据放入一张大表,省去空格单元格。

第四,HBase 的列可以动态添加。没有固定的模式使得 HBase 数据库设计的灵活性大增,客户端可以随时增加新的列,改变现有的模式。

第五,HBase 的关键字(Row Key)有序。在物理存储中,相邻的列一般在同一个 Region 中,利用行关键字有序的特点,可以大幅度提高数据库的查找性能,并且 HBase 只支持通过 Row Key 查询,所以 Row Key 的设计非常重要。

第六,HBase 中的更新操作都对应着一个时间戳。在设计时可以适当考虑通过时间戳来记录数据的版本号,或者对数据进行备份等。

图像百科系统的数据库设计,其核心内容还在于对百科条目以及图片的存储。系统的需求是通过生物医学影像研究中心(CBIR)进行检索对用户提供的图像,并将命中条目返回给用户,因此查询需求较为简单,并不需要复杂的查询条件,但是要面对海量的图像存储和检索。从系统需求上来讲,采用 HBase 这种 NoSQL 数据库是非常合适的。

(二)数据库的设计

如果按照数据关系模型,对于这些实体,一个用户可以编辑多个百科条目,每个百科条目也可以被多个用户编辑,所以用户和百科条目之间形成一种多对多的关系。百科条目可以拥有多张说明图片,而每张说明图片只对应着一条百科内容,所以百科条目和百科图片之间形成一种一对多的关系。于是在传统的 RDBMS 数据库设计中,可能会得到图 5-3-2 所示的 ER 图。根据 ER 图可以得到图 5 - 3 - 3 所示的逻辑关系图。

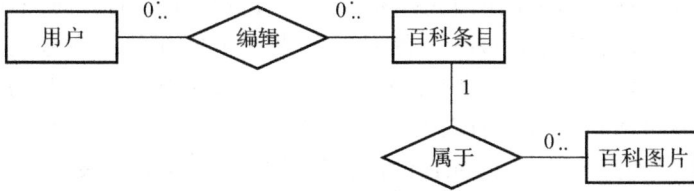

图 5 - 3 - 2　关系数据库的 ER 图

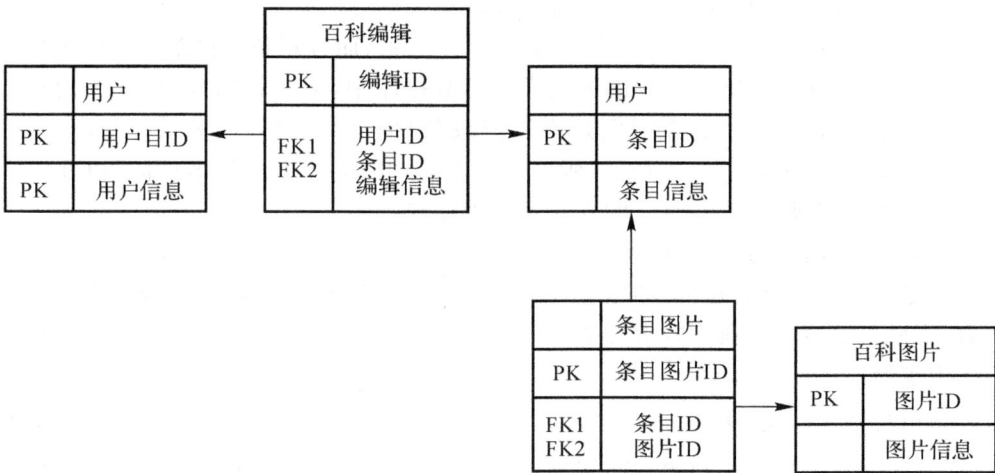

图 5 - 3 - 3　关系数据库的逻辑关系图

这样将一对多或多对多关系分裂成多张表的方式,在关系数据库中往往能达到更高的范式,具有减少冗余、增强一致性并保证完整性的作用。然而,在 NoSQL 数据库中,由于没有关系的约束,此处必须考虑到前面提到的 HBase 的特点来设计合适的数据库模型。

(三)HBase 中数据库的设计

前面给出了图像百科系统在关系数据库系统中的设计,然而,对图像百科这种开放性较大、核心数据主要靠用户编辑上传的应用,系统的可扩展性显然最为重要,这一点使采用 RDBMS 实现变得有些困难。

HBase 中没有数据关系,如百科条目和百科图片两个实体,在 HBase 设计中仍然可以将其当成实体考虑,然而实体间的关系则不能通过外键等约束来保证,所以需要 HBase 采用 RDBMS 变得有些困难,故需要按照 HBase 的特点来对这种关系进行体现。

对用户和百科条目之间的关系,考虑到每次百科条目的更新都对应着一次用户的编辑,所以可以利用 HBase 的时间戳来记录更新的版本号,并将更新内容与更新用户 ID 记录为同一个时间戳,放在更新内容中。这样可将用户编辑百科条目的关系融入百科条目的表中,并且合理利用了 HBase 的时间戳来记录编辑版本,还可以通过 HBase 的配置设定百科条目需要保留的最近修改版本的最高数目。在 RDBMS 中,这两个实体之间对应的是多对多的关系。在 HBase 中,这种关系变得更加简单,只是通过每次条目编辑时记录编辑者来实现,同样能保证数据的完整性和一致性,并且使数据库变得更加简单。

对于百科条目和百科图片,由于是一对多关系,而且每条百科条目对应的图片数目不定,在 RDBMS 这样的固定模式的数据库中,无法将图片 ID 都放到百科条目中,因此通过一张条目图片表来记录条目与图片之间的关系。然而,在 HBase 中,由于列可以随时增加,所以每个条目对应的所有图片 ID 都可以在同一个列族中记录下来,并且空的列并不占用存储空间。

对于图像百科系统实体间的关系,利用 HBase 的特点,设计出的数据库可以满足系统的需求。这样,图像百科系统的数据库形成了三张大表,分别为用户表、百科条目表和百科图片表。表 5-3-1～表 5-3-3 分别为 HBase 中的数据库表设计。

1.用户表(user)的设计

(1)列和列族。用户表主要记录用户基本信息和用户历史记录。基本信息包括用户昵称、密码和联系邮箱等,这些不易变动的信息放在列族 userinfo 中,而对于历史记录等经常变动并会作为后期系统分析资料的数据,则放在 history 列族中,包括最后登录时间等。

(2)行关键字。用户表的行关键字设计采用用户 ID,用户 ID 为用户注册时的用户名,唯一且不可改变。

表 5-3-1 用户表(user)

行关键字(Row Key)	列族 Column Family			
	userinfo		history	
	列标签	备注	列标签	备注
用户 ID	nickname	用户昵称	lastlogin	最后一次登录时间
	passwd	密码		
	email	联系邮箱		

2.百科条目表(pedia)的设计

(1)列和列族。百科条目表主要记录从维基百科下载并解析的百科文本内容,主要分为基本百科信息和文本信息两种。条目标题和条目类别构成百科条目的基本信息,放在列族 basicinfo 中,而条目文本以及编辑信息则放在 content 列族中。对于百科条目的版本信息主要通过 content 列族中各列的时间戳来区分,可以同时记录多个条目版本的内容和编辑信息等。此外,百科条目的文本部分作为一个列放在 HBase 中,主要为考虑取文本列中的所有内容都为同时展示的,在物理上也一般在同一个 Region 中,读取具有较高的效率。细粒度的文本划分可能有利于编辑条目时的较小的带宽消耗,但是考虑到百科系统为一个读取密度远大于写入密度的应用,因此,较高的读取效率可能对系统更为重要。

(2)行关键字。为了和维基百科中的条目关键字对应,以在条目链接中实现平滑使用,图像百科系统中条目的行关键字直接采用维基百科中条目的 ID。

表 5 - 3 - 2　百科条目表(pedia)

行关键字(Row Key)	列族 Column Family			
	basicinfo		content	
	列标签	备注	列标签	备注
条目 ID	title	条目标题	text	条目文本
	category	条目类别	editor	编辑者
	email		time	编辑时间
			reason	编辑理由

3.百科图片表(photos)的设计

(1)列和列族。百科图片表主要用来存储百科条目对应的说明图片信息。此外,由于系统需要按照 CBIR 算法来检索图片,所以需要预先对图片的内容特征信息进行提取,并存入数据库中。图片地址和大小等作为基本信息放在列族 basicinfo 中,而图片的内容特征如颜色、形状和纹理特征向量则存放在列族 feature 中。HBase 存放图像特征具有较好的可扩展性,对于后期检索特征算法的修改具有很好的兼容性。

(2)行关键字。考虑到每张图片事实上对应着一个百科条目,因此最好能够将同一条目的所有图片信息放在相邻的行中,这样使得物理存储上同一条目的图片具有连续性。利用 HBase 行关键字的有序特性,可以将百科图片的行关键字设计为"百科条目 ID+图片编号"的方式,例如,条目"云计算"对应的百科条目表行关键字为"00274562",则将"云计算"条目下对应的图片在百科图片表中的行关键字设置为"0027456200001"这样的格式。由于相同条目的图片具有公共的行关键字前缀,按照字典排列后,其物理位置应该是相邻的。

表 5 - 3 - 3　百科图片表(photos)

行关键字(Row Key)	列族 Column Family			
	basicinfo		feature	
	列标签	备注	列标签	备注
条目 ID	address	图片地址	color	颜色特征
	size	图片大小	shape	形状特征
			texture	纹理特征

三、数据库模块交互设计

图像百科系统中存在着用户表、百科条目表和百科图片表,那么这些表怎样配合系统的业务逻辑模块完成系统功能呢?

(一)用户信息交互

用户信息的交互主要是用户通过图像百科系统注册或修改用户信息,在此过程中,HBase 中的用户表和图像百科系统中的用户信息处理逻辑模块进行交互,完成相应功能,如图 5 - 3 - 4 所示。

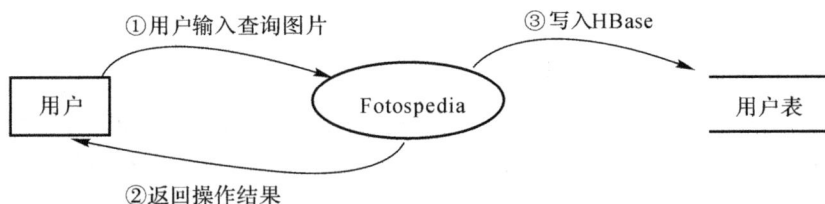

图 5 - 3 - 4　用户信息交互

(二)百科条目搜索交互

百科条目的搜索主要通过用户上传图片的特征信息,与数据库中百科图像的特征信息进行对比,得到命中的百科图片后,根据百科图片 ID 获得所属百科条目的 ID,再对百科条目表进行查询,获取命中的百科条目内容,并展示给用户的客户端。整个交互过程如图 5 - 3 - 5 所示。

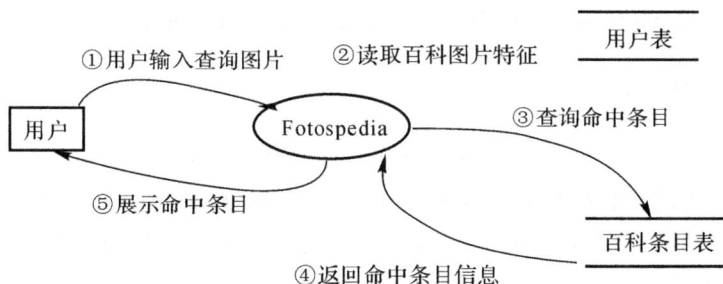

图 5 - 3 - 5　查询百科条目

(三)百科条目编辑交互

用户对百科条目进行编辑,主要是对百科图片的操作,并根据百科图片的更新情况对百科条目表的信息进行修改。例如,用户在"云计算"条目中插入一张新的说明图片,首先会上传该图片,Fotospedia 系统会提取该图片的特征信息,并将该图片的信息存入数据库,得到该图片在百科图片表中的 ID 为"0027456200012",然后修改百科条目表中的内容,将该图片 ID 插入百科条目表中,并将修改后的条目信息返回给用户,如图 5 - 3 - 6 所示。

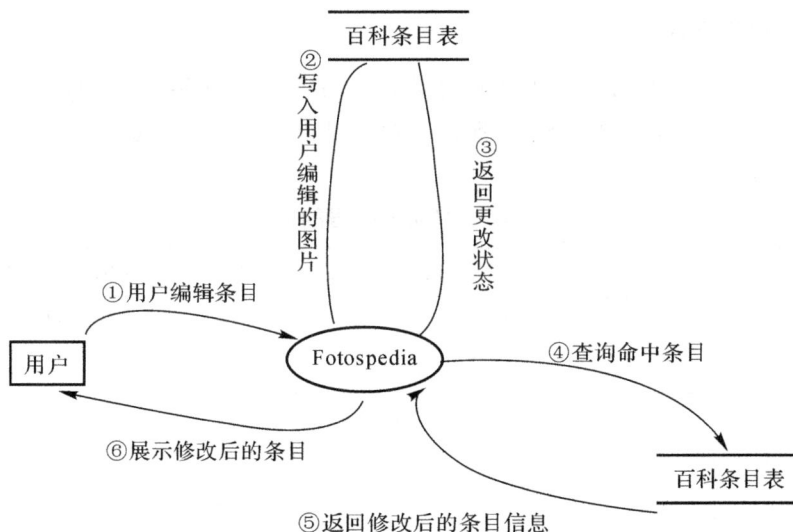

图 5 - 3 - 6　编辑百科条目

四、HBase 数据模型

HBase 数据模型主要包括数据模型、概念视图和物理视图。

(一)数据模型

HBase 是一个类似 Bigtable 的分布式数据库,大部分特性和 Bigtable 一样,是一个稀疏的、长期存储的(存在硬盘上)、多维度的、排序的映射表。这张表的索引是行关键字、列关键字和时间戳。每个值是一个不解释的字符数组,数据都是字符串,无类型。

用户在表格中存储数据,每一行都有一个可排序的主键和任意多的列。由于是稀疏存储的,所以同一张表里面的每一行数据都可以有截然不同的列。

列名字的格式是"<family>:<label>",都是由字符串组成的,每一张表有一个 family 集合,这个集合是固定不变的,相当于表的结构,只能通过改变表结构来改变。但是 label 值相对于每一行来说都是可以改变的。

HBase 把同一个 family 里面的数据存储在同一个目录下,而 HBase 的写操作是锁行的,每一行都是一个原子元素,都可以加锁。

所有数据库的更新都有一个时间戳标记,每个更新都是一个新的版本,而 HBase 会保留一定数量的版本,这个值是可以设定的。客户端可以选择获取距离某个时间最近的版本,或者一次获取所有版本。

(二)概念视图

一个表可以想象成一个大的映射关系,通过主键,或者主键+时间戳,可以定位一行数据,由于是稀疏数据,所以某些列可以是空白的。表 5-3-4 所示为数据的概念视图。

表 5-3-4　HBase 数据的概念视图

Row 关键字	Time Stamp	Column Family:c1		Column Family:c2	
		列	值	列	值
r1	t7	c1:1	value2-1/1		
	t6	c1:2	value2-1/2		
	t5	c1:3	value2-1/3		
	t4			c2:1	value2-2/1
	t3			c2:2	value2-2/2

续表

Row 关键字	Time Stamp	Column Family:c1		Column Family:c2	
		列	值	列	值
r2	t2	c1:1	value2 - 1/1		
	t1			c2:1	value2 - 1/1

图 5 - 3 - 7 所示为一个存储 Web 网页的列表片段范例。行名是一个反向 URL(即 com. cnn. www)。contents 列族(原文用 family,译为族)存放网页内容,anchor 列族存放引用该网页的锚链接文本。CNN 的主页被 Sports Illustrater(即所谓 SI,CNN 的王牌体育节目)和 MY—look 的主页引用,因此该行包含了名叫 anchor:cnnsi. com 和 anchor:my. look. ca 的列。每个锚链接只有一个版本(由时间戳标识,如 t9、t8);而 contents 列有三个版本,分别由时间戳 t3、t5、t6 标识。

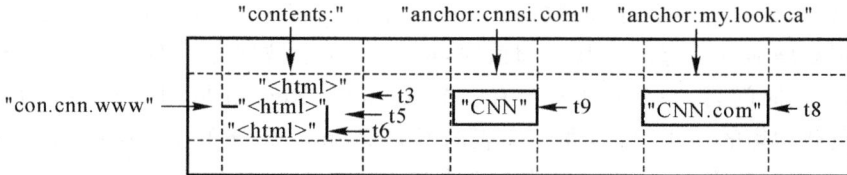

图 5 - 3 - 7 Web 网页列表片段范例

(三)物理视图

虽然从概念视图来看每个表格是由很多行组成的,但是在物理存储上,其是按照列来保存的,这一点在进行数据设计和程序开发的时候必须牢记。

表 5 - 3 - 4 所示的概念视图在物理存储的时候应该表现成表 5 - 3 - 5 及表 5 - 3 - 6 所示的形式。

表 5 - 3 - 5 HBase 数据的物理视图 1

Row 关键字	Time Stamp	Column Family:c1	
		列	值
r1	t7	c1:1	Value1 - 1/1
	t6	c1:2	Value1 - 1/2
	t5	c1:3	Value1 - 1/3

145

表 5 - 3 - 6　HBase 数据的物理视图 2

Row 关键字	Time Stamp	Column Family：c1	
		列	值
	t4	c1：2	Value1 - 1/2
	t3	c1：3	Value1 - 1/3

需要注意的是,在概念视图上面有些列是空白的,这样的列实际上并不会被存储,当请求这些空白的单元格的时候,会返回 null 值。如果在查询的时候不提供时间戳,那么会返回距离现在最近的那一个版本的数据。因为在存储的时候,数据会按照时间戳排序。

(四)子表(Region)服务器

HBase 在行的方向上将表分成了多个 Region,每个 Region 包含了一定范围内(根据行键进行划分)的数据。每个表最初只有一个 Region,随着表中的记录数不断增加直到超过了某个阈值时,Region 就会被划分成两个新的 Region。所以,一段时间后,一个表通常会有多个 Region。Region 是 HBase 中分布式存储和负载均衡的最小单位,即一个表的所有 Region 会分布在不同的 Region 服务器上,但一个 Region 内的数据只会存储在一个服务器上。物理上所有数据都存储在 HDFS 上,并由 Region 服务器提供数据服务,通常一台计算机只运行一个 Region 的实例(HRegion),如图 5 - 3 - 8 所示。

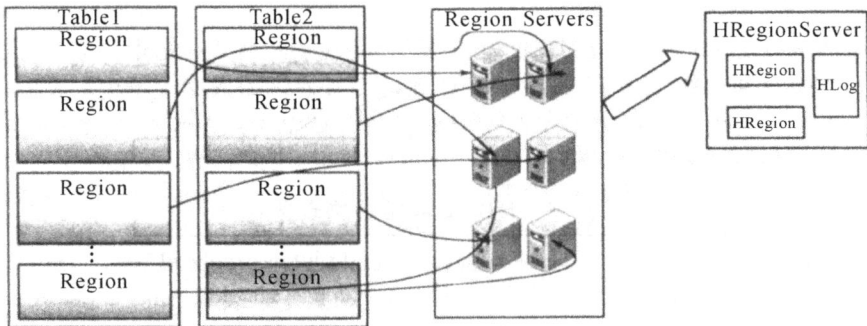

图 5 - 3 - 8　Region 服务器

其中,HLog 是用来做备份的,其使用的是预写式日志(Write - AheadLog,WAL)。每个 Region 服务器只维护一个 HLog,所以来自不同表的 Region 日志是混合在一起的,这样做的目的是不断地追加单个文件,相对于同时写多个文件而言,可减少磁盘寻址的次数,因此可以提高对表的写性能。带来的麻烦是,如果一台 Region 服务器下线,为了恢复其上的 Region,需要将 Region 服务器上的 Log 拆分,接着分发到其他 Region 服务器上进行恢复。

每个 Region 由一个或多个 Store 组成,每个 Store 保存一个列族的所有数据。每个 Store 又是由一个 MemStore 和 0 个或多个 StoreFile 组成的。StoreFile 则是以 HFile 的格式存储在 HDFS 上的,如图 5-3-9 所示。

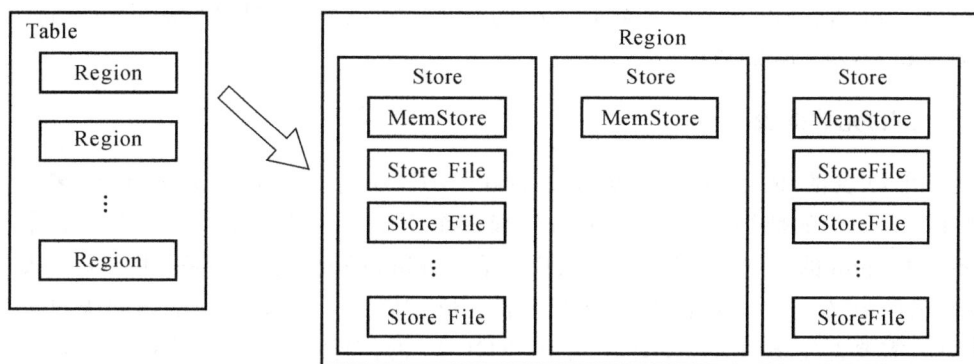

图 5-3-9 Region 示意图

当客户端进行更新操作时,先连接有关的 HRegionServen,接着向 Region 提交变更。提交的数据会首先写入 WAL 和 MemStore 中,当 MemStore 中的数据累积到某个阈值时,HRegionServer 就会启动一个单独的线程将 MemStore 中的内容刷新到磁盘,形成一个 StoreFile。当 StoreFile 文件的数量增长到一定阈值时,就会将多个 StoreFile 合并(Compact)成一个 StoreHle,合并过程中会进行版本合并和数据删除,因此可看出 HBase 其实只有增加数据,所有的更新和删除操作都是在后续的合并过程中进行的。StoreFiles 在合并过程中会逐步形成更大的 StoreFile,当单个 StoreFile 大小超过一定阈值后,会把当前的 Region 分割(Split)成两个 Region,并由 HMaster 分配到相应的 Region 服务器上,实现负载均衡。

(五)主服务器

HBase 只使用一个核心来管理所有 Region 服务器。每个 Region 服务器都只与唯一的 HMaster 服务器联系,HMaster 服务器告诉每个 Region 服务器应该装载哪些 Region 并进行服务。

HMaster 服务器维护 Region 服务器在任何时刻的活跃标记。当一个新的

Region 服务器向 HMaster 服务器注册时，HMaster 让新的 Region 服务器装载若干个 Region，也可以不装载。如果 HMaster 服务器和 Region 服务器间的连接超时，那么 Region 服务器将停止工作，之后以一个空白状态重启。HMastero 服务器假定 Region 服务器已删除，并将其上的 Region 标记为"未分配"，同时尝试把它们分配给其他 Region 服务器。

每个 Region 都由它所属的表格名字、首关键字和 region Id 来标识。例如，表名是 hbaserepository，首关键字是 w - nk5YNZ8TBb2uWFIRJo7V = =，region Id 是 6890601455914043，它的唯一标识符就是 hbaserepository、w -nk5YNZ8TBb2uW。

（六）元数据表

用户表的 Region 元数据被存储在 .META. 表中，随着 Region 增多，.META. 表中的数据也会增加，并分裂成多个 Region。为了定位 .META. 表中各个 Region 的位置，把 .META. 表中所有 Region 的元数据保存在 - ROOT -表中，最后由 ZooKeeper 记录 - ROOT -表的位置信息。所以，客户端访问用户数据前，需要首先访问 ZooKeeper 获得 - ROOT -的位置，接着访问 - ROOT -表获得 .META. 表的位置，最后根据 .META. 表中的信息确定用户数据存放的位置，如图 5 - 3 - 10 所示。

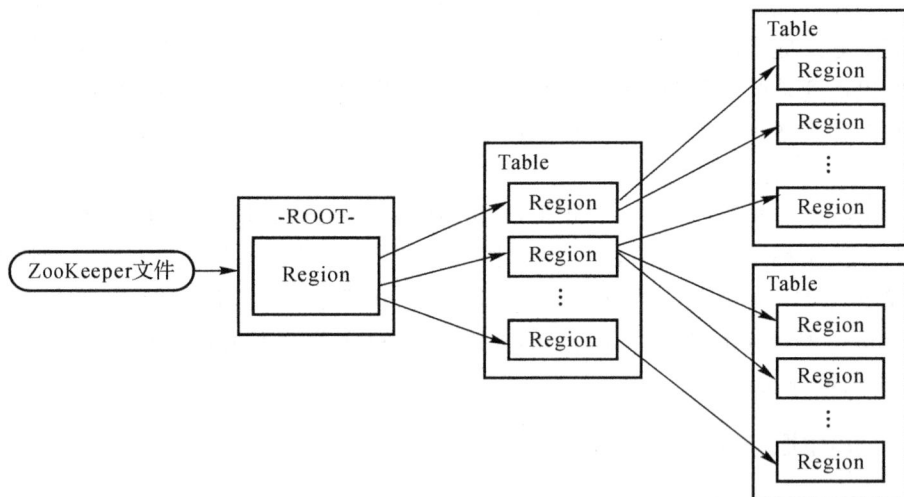

图 5 - 3 - 10　Region 定位示意图

- ROOT -表永远不会被分割，其只有一个 Region，这样可以保证最多需要三次跳转就可以定位任意一个 Region。为了加快访问速度，. META. 表的 Regions 全都保存在内存中，如果. META. 表中的每一行在内存中大约占 1 KB，且每个 Region 限制为 128 MB，图 5－3－10 所示的三层结构可以保存的 Region 数目为（128 MB/1 KB）×（128/1 KB）＝2^{34}个。客户端会将查询过的位置信息缓存起来，且缓存不会主动失效。如果客户端根据缓存信息还访问不到数据，则询问持有相关. META. 表的 Region 服务器，试图获取数据的位置，如果还是失效，则询问－ROOT－表相关的. META. 表在哪里。最后，如果前面的信息全部失效，则通过 ZooKeeper 重新定位 Region 的信息。所以，如果客户端上的缓存全部失效，则需要进行 6 次网络往返，才能定位到正确的 Region。

第六章 大数据巨量分析与机器学习的应用领域

第一节 互联网领域

机器学习和互联网相结合已经不再是什么新鲜事。如,百度成立大数据实验室、深度学习研究院等也表明了百度在这一领域的决心和雄心。随着互联网企业用户的积累、软硬件的更新,想创造更大的利润,机器学习必然能起到关键的作用,它与互联网的结合也必然会推动整个互联网产业的一次巨大的发展,这也是互联网发展的必然趋势。

一、机器学习与互联网

微软亚洲研究院互联网搜索与挖掘组高级研究员李航博士介绍说,机器学习是关于计算机基于数据构建模型并运用模型来模拟人类智能活动的一门学科。机器学习实际上体现了计算机向智能化发展的必然趋势。现在当人们提到机器学习时,通常是指统计机器学习或统计学习。实践表明,统计机器学习是实现计算机智能化这一目标的最有效手段。

机器学习最大的优点是它具有泛化能力,也就是可以举一反三。无论是在什么样的图片中,甚至是在抽象画中,人们都能够轻而易举地找出其中的人脸,这种能力就是泛化能力。

据调查,60％的互联网用户每天至少使用一次搜索引擎,90％的互联网用户每周至少使用一次搜索引擎。搜索引擎大大提高了人们工作、学习以及生活的质量。而互联网搜索的基本技术中,机器学习占据着重要的位置。

互联网搜索有两大挑战和一大优势。

(一)两大挑战

挑战包括规模挑战与人工智能挑战。

规模挑战:比如,搜索引擎能看到万亿量级的网址,每天有几亿、几十亿的用户查询,需要成千上万台的机器抓取、处理、索引网页,为用户提供服务。这需要系统、软件、硬件等多方面的技术研发与创新。

人工智能挑战:搜索最终是人工智能问题。搜索系统需要帮助用户尽快、尽准、尽全地找到信息。这从本质上需要对用户需求如查询语句,以及互联网上的文本、图像、视频等多种数据进行"理解"。现在的搜索引擎通过关键词匹配以及其他"信号",能够在很大程度上帮助用户找到信息。但是,还是远远不够的。

(二)一大优势

优势主要是规模优势。

规模优势:互联网上有大量的内容数据,搜索引擎记录了大量的用户行为数据。这些数据能够帮助我们找到看似很难找到的信息。比如,"纽约市的人口是多少","春风又绿江南岸的作者是谁"。另外,低频率的搜索行为对人工智能的挑战就更显著。

现在的互联网搜索在一定程度上能够满足用户信息访问的一些基本需求,也是因为机器学习在一定程度上能够利用规模优势去应对人工智能挑战。但距离"有问必答,准、快、全、好"这一理想还是有一定距离的,这就需要开发出更多更好的机器学习技术迎接人工智能的挑战。

二、机器学习与信息安全

机器学习与信息安全的结合,可以从以下几个点切入:入侵检测系统、木马检测和漏洞扫描。

(一)入侵检测

入侵检测技术是近 20 年出现的一种主动保护自己免受攻击的网络安全技术,它在不影响网络性能的情况下对网络进行检测,从而提供对内部攻击、外部攻击和误用操作的实时保护。它通过手机和分析网络行为、安全日志、审计数据、其他网络上可以获得的信息以及计算机系统中若干关键点的信息,检查网络或系统中是否存在违反安全策略的行为和被攻击的迹象。因此,入侵检测被认为是防火墙之后的第二道安全闸门。入侵检测通过执行以下任务来实现其功能:监视、分析用户及系统活动、系统构造和弱点审计,识别已知进攻活动的模式并向相关人士报警,统计分析异常行为模式,评估重要系统和数据文件的完整性,审计跟踪管理操作系统并识别用户违反安全策略的行为。Smaba 从分类角度指出入侵包括尝试性闯入、伪装攻击、安全控制系统渗透、泄露、拒绝服务、恶意使用 6 种类型。正是由于机器学习在入侵检测技术中可以发挥重要作用,因此基于机器学习和人工智能的入侵检测模型和系统层出不穷。有人提出了在不同检测技术的入侵检测系统间相互学习的入侵检测模型"ZWP10"、基于新颖发现算法的入侵检测系统"GYN09"等等模型,丰富了机器学习在信息安全领域的应用。

(二)木马检测

网页木马是利用网页来进行破坏的病毒,它包含在恶意网页之中,通过使用脚本语言编写恶意代码,利用浏览器或者浏览器插件存在的漏洞来实现病毒的传播。当用户登录了包含网页病毒的恶意网站时,网页木马便会被激活,受影响的系统一旦感染网页病毒,就会被植入木马病毒,盗取密码等恶意程序。

目前对网页木马的分析方法主要分为动态分析和静态分析。动态分析主要有高交互式蜜罐和低交互式蜜罐两种方式。高交互式蜜罐使用真实的带有漏洞的系统,其优点是能够捕获零日漏洞"CH11"。低交互式蜜罐则是仿真模拟漏洞来捕获恶意代码,其主要优点是统一部署且风险小,主要缺点是不能发现利用零日漏洞的未知攻击。静态分析主要是利用特征码匹配来识别恶意代码,受到了加密和混淆的严峻挑战。

北京大学互联网安全技术北京市重点实验室根据蜜罐技术,提出了网页木马收集和重放方法"CH11",尽可能收集和记录所有感染路径的相关信息,完整地收集了整个木马场景。然后使用了 Weka 提供的决策树分类算法 J48,可以根据建好的决策树模型来决定每个网页属于哪个类别。

(三)漏洞扫描

漏洞扫描就是对计算机系统或者其他网络设备进行安全相关的检测,以找出安全隐患和可被黑客利用的漏洞。显然,漏洞扫描软件是把双刃剑,黑客利用它入侵系统,而系统管理员掌握它以后又可以有效地防范黑客入侵。因此,漏洞扫描是保证系统和网络安全必不可少的手段,必须仔细研究利用。

漏洞扫描有两种策略:第一种是被动式策略,第二种是主动式策略。所谓被动式策略就是基于主机之上,对系统中不合适的设置、脆弱的口令以及其他同安全规则抵触的对象进行检查;而主动式策略是基于网络的,它通过执行一些脚本文件模拟对系统进行攻击的行为并记录系统的反应,从而发现其中的漏洞。利用被动式策略扫描称为系统安全扫描,利用主动式策略扫描称为网络安全扫描。

三、P2P 网络流分类

P2P(Peer‐to‐Peer)是一种对等网络技术,是伴随着互联网发展应运而生的新一代网络技术,是分布式系统和网络技术相结合的产物。它不再是传统的"客户端/服务器"(Client/Server,C/S)模式,网络中的每个节点关系对等,即每个节点既可以作为客户端又能够充当服务器,这使得每个网络节点既可以向另一个节点发送信息,同时又能从对方接受信息。

与传统的分布式系统相比,P2P 技术的分布化程度、可扩展性、健壮性、性价比以及负载均衡能力等都表现得更加优秀,客观来说更加适合现有网络结构,因此,P2P 应用在近年来得到了迅猛的发展。据相关统计,P2P 流量已经占据互联网 70%以上的流量。

凭借 P2P 网络技术的优越性,P2P 应用在诞生短短几年时间里迅速占据 Internet 中的许多应用领域:以迅雷、Bit Torrent、Napster 为代表的文件共享应用给用户带来了自由、开放和对等的高速文件下载体验;以 Skype、QQ、MSN 为代表的语音通信给用户带来了快捷方便的即时通信体验;以 PPlive、PPstream 为代表的流媒体在线播放给用户带来了丰富多彩的视听盛宴。

(一)P2P 的负面效果

然而随着 P2P 应用的迅猛发展,其负面效果也逐渐凸显,主要表现为以下方面:

第一,病毒、木马能够隐藏在 P2P 文件中,通过 P2P 网络平台轻易地扩散,能够在很短的时间内对大范围的用户造成破坏,造成不可估量的损失;暴力、色情等不良信息能在 P2P 环境下更加轻易地传播出去;盗版影视作品、山寨版软件更加肆无忌惮地扩散,应加强法律的约束能力。

第二,网络带宽被大量的 P2P 数据流吞噬,非 P2P 应用的网络环境受到严重影响,造成许多企事业单位的带宽不够用,严重影响了企业的正常运营。

第三,传统的互联网非对称流量模型被打破,建立在传统互联网模式下的收费形式需要改变,互联网服务的运营商将要面临网络技术变革所带来的挑战。通过 P2P 流量的识别技术可以挖掘 P2P 的具体应用,从而分析用户的网络行为,能够给网络管理和流量监控提供极大的帮助,有助于网络运营商和管理者找到网络中的不安全因素,从而提高网络环境的安全性。

(二)P2P 流量识别技术的局限性

近年来,P2P 流量识别技术的研究越来越受到重视,然而已有的众多 P2P 流量识别技术、解决方法仍存在一定的局限性,具体表现如下:

第一,P2P 流多采用动态端口和隧道加密技术使得传统的基于端口检测 P2P 流的方法失效。

第二,P2P 应用层出不穷,各种新型的协议出现和应用层加密技术的使用使得基于应用层载荷检测技术失效。

第三,P2P 流量规模庞大,对基于机器学习的 P2P 流识别提出了更高的要求,如何简化分类模型、节省建模时间和提高分类正确率都是目前 P2P 流识别中值得深入研究的方向。

随着网络信息时代的到来,互联网逐渐成为各种通信设施的统一平台,网络中的应用越来越多样化和复杂化,传统的网络维护方式和网络运营模式面临着变革。由于网络服务运营模式的不完善,网络运营商难以捕捉到客户的网络需求,无法提高网络服务质量。目前的互联网环境中,P2P 流量占据了 70% 左右的网络带宽,不断吞噬网络带宽资源,造成网络拥塞,严重影响了客户体验。所以有效的 P2P 流识别技术是网络运营商和企事业单位的网络管理者迫切需要解决的问题,是提高网络稳定性、安全性和可控性的基础。

通过 P2P 流量识别技术能够增强网络监控、分析网络行为从而提高网络管理能力,而 P2P 流量识别是其必要的前提,只有从互联网流量中准确地识别出 P2P 流量后,才能更加合理、细致、有效地管理和控制网络。作为一种生命力强大的新型网络应用,P2P 应用也随着流量识别技术的发展而发展。为了加强 P2P 技术的隐蔽性和安全性,P2P 技术正朝着端口动态化、网络行为复杂化、内容加密化的方向发展。在 P2P 识别与反识别的较量中,P2P 流量正越来越多变难测,对于有效的 P2P 流识别技术的渴求已迫不及待。随着传统的基于端口识别、深度包检测等技术的逐渐失效,P2P 流识别开始转向机器学习方法。机器学习方法利用统计特征建立分类模型,由于 P2P 流量规模庞大,特征极多,量化后的 P2P 流维数高达 200 多维,一方面过滤掉冗余无关的特征对建立高效的分类器模型有着重要意义,另一方面建立健壮性强、泛化性好和准确率高的分类器是决定最终 P2P 流识别效果好坏的关键。

四、机器学习与物联网

物联网是新一代信息技术的重要组成部分,顾名思义,物联网就是物物相连的互联网。其主要是通过各种信息传感设备,实时采集任何需要监控、连接、互动的物体或过程等各种需要的信息,与互联网结合形成的一个巨大网络。其目的是实现物与物、物与人,及所有的物品与网络的连接,方便识别、管理和控制。物联网被称为是下一个万亿级的通信业务,所有的迹象都表明,世界已经开始进入物联网时代。

物联网的组成可归纳为以下四个部分:物品编码标识系统,它是物联网的基础;自动信息获取和感知系统,它解决信息的来源问题;网络系统,它解决信息的交互问题;应用和服务系统,它是建设物联网的目的。

在物联网的基础层,信息的采集主要靠传感器来实现,视觉传感器是其中最重要也是应用最广泛的一种。研究视觉传感器应用的学科即机器视觉,机器视觉相当于人的眼睛,主要用于检测一些复杂的图形识别任务。现在越来越多的项目都需要用到这样的检测,比如自动光学检测(Automated Optical Inspection,AOI)上的标志点识别、电子设备的外观瑕疵检测、食品药品的质量追溯以及 AGV 上的视觉导航等,这些领域都是机器视觉大有用途的地方。同时,随着物联网技术的持续发酵,机器视觉在这一领域的应用正在引起人们的广泛关注。

在自动信息获取和感知系统中,用到最多的技术是自动识别技术,它是指条码、射频、传感器等通过信息化手段将与物品有关的信息通过一定的方法自动输入计算机系统的技术的总称。自动识别技术在 20 世纪 70 年代初步形成规模,它帮助人们快速地进行海量数据的自动采集,解决了应用中由于数据输入速度慢、出错率高等造成的瓶颈问题。目前,自动识别技术被广泛地应用在商业、工业、交通运输业、邮电通信业、物资管理、仓储等行业,为国家信息化建设作出了重要贡献。在目前的物联网技术中,基于图像传感器采集后的图像,一般通过图像处理来实现自动识别。条码识读、生物(人脸、语音、指纹、静脉)识别、图像识别、OCR 光学字符识别等,都是通过机器视觉图像采集设备采集到目标图像,然后通过软件分析对比图像中的纹理特征等,实现自动识别。目前国内机器视觉厂商中,视觉产品在物联网行业中应用较多的有维视图像,其产品在该行业的主要应用方向有基于图像处理技术的织物组织自动识别、指纹自动识别、条纹痕迹图像处理自动识别、动物毛发及植物纤维显微自动识别等。

从当前的物联网发展形势来看,逐步形成了长三角地区、珠三角地区、环渤海地区、中西部地区等四大核心区域。这四大区域目前形成了中国物联网产业的核心产业带,呈现出物联网知识普及率高、产业链完善、研发机构密集、示范基地和工程起步早的特点。在这些区域,已经建设了很多基于感知、监测、控制等方面的示范性工程,特别是在智能家居、智能农业、智能电网等方面成绩比较突出,在矿山感知、电梯监控、智能家居、农业监控、停车场、医疗、远程抄表等方面都取得了重大突破。

第二节　商 业 领 域

机器学习的技术基础已有超过 50 年的历史了,但是直到最近,学术界之外的人才注意到它的能力。机器学习需要大量的计算能力,但早期的使用者缺乏成本划算的基础设施。近期,机器学习引起了许多人的兴趣,逐渐活跃起来,这归功于一些正在融合的趋势。摩尔定律极大降低了计算成本;大规模计算能力可用最小的成本获得;具有独创性的新算法提升了计算速度;数据科学家积累了许多理论和实践知识,提升了机器学习的效率。总的来说,大数据带来的飓风创造了许多无法用传统统计学方法解决的分析问题。需要是发明之母。旧的分析方法已经不适用于今天的商业环境。

一、业务流程自动化

机器再造工程(machine - reengineering)是一种使用机器学习实现业务流程自动化的方式。尽管机器再造工程是一项新兴技术,但企业已经看到了显著成效,尤其是在提高运作速度和效率方面。通过研究发现,绝大部分业务流程的运作速度都有了2倍以上的提升,一些组织报告说速度的提升甚至达到了10倍以上。这些企业组织是如何做到的呢?研究发现这些企业通过机器再造工程建立新型人机合作模式,从而打破了复杂的数字化流程的瓶颈。在一些情况下,比如图像分析和撰写报告,机器再造工程技术直接帮助员工去执行数字任务。在其他情况下,这项技术帮人们从烦冗的数据里激发灵感、找到关键。

二、市场营销

营销的价值在于满足需求,但事实上消费者的需求很难解析。他们的需求每天都在变化,针对性不强或相关性低的广告和邮件很难被消费者接受。除了工作流程自动化和客户服务特许权模式(Build－Operate－Transfer ,BOT),越来越多的软件也在帮助品牌商理解甚至预测消费者最细微的需求。

营销1.0版本所代表的20世纪早期的市场,销售产品给表现出需求的人。20世纪50年代,市场营销2.0崛起了,广告激发了消费者的购买欲。营销3.0时代是一个新阶段,机器学习使销售人员超越之前模式,在增加营销影响力和效率的同时,回归营销的最初目的。

对于连接在线和离线互动,例如在移动广告、电子邮件营销活动、电话会话和现场体验等方面,预测功能具有大量可能性。随着谷歌、Facebook以及苹果和亚马逊加大语音助理和自然语言处理技术的投资,这种互动的预测正在成为现实。据说亚马逊正在更新Alexa,使其成为更富有情感的智能。从在客厅里发出语音命令到直接通过Echo完成商业沟通和在线购物的过渡并不难实现。谈话是最自然的互动形式,有利于建立关系。

机器的作用在于寻找消费者行为与其最终目的之间的关联。营销人员的角色是搞清楚如何增强软件的作用,例如在自动化方面,在购买行为完成之后自动发送电子邮件,以及预测什么是最吸引顾客的产品。

三、信用评级

2007 年次贷危机之后,信用评级问题引起了包括银行等金融机构以及企业本身的高度关注。信用评级简单理解就是通过一定的方法将贷款客户进行分类,产生一系列的级别,因此其核心算法可以理解为经典的多分类问题。企业信用评级的传统方法主要是包括专家法、打分法等在内的主观综合法,在信用评级行为越来越频繁和普遍的今天,冗繁的评定过程和过强的主观性使人们开始寻求传统法之外的信用评级方法。20 世纪 30 年代以来,随着统计学的发展,基于统计判别方法的评级方法成为国外信用评级体系的支柱,主流方法包括多元判别分析法(MDA)、加权 Logistic 回归分析模型、Probit 回归分析模型等。除此之外,传统的信用评级常用的方法还包括模糊综合评价法(FCE)、层次分析法等。

随着近 20 年来机器学习的发展和兴起,越来越多与之相关的技术被运用到信用评级的工作中,其中应用较为广泛的包括人工神经网络(Artificial Neural Network,ANN)、支持向量机(SVM)和投影寻踪等。而它们也因为对于财务样本较少的依赖以及良好的预测效果越来越成为信用评级中的热门研究领域。

人工神经网络近年来在多个领域迅速兴起,在包括会计和金融、健康和医药、工程和制造业、营销等在内的多个领域内取得了很好的应用。相比于传统的统计学方法,ANN 也是一种有效的处理回归和分类问题的方法,并被证明在信用评级问题上也具有良好的表现。ANN 是通过模拟生物神经网络的结构和功能的数学模型。ANN 是一种自适应的非线性的建模方式,常用来针对输入和输出之间的复杂关系进行探索。

四、推荐系统

当今社会,机器学习被广泛应用在金融、商业、市场、工厂等各个重大的领域,包括用来预测信用卡的诈骗、识别拦截垃圾邮件以及图像识别等等。就机器学习在金融领域来讲,有下面两个常见的例子。

(一)对市场价格的预测

对市场价格的预测主要包括对商品价格变动的分析,可归为对影响市场供求关系的诸多因素的综合分析。传统的统计经济学方法因其固有的局限性,难以对价格变动做出科学、准确的预测,而机器学习中的神经网络能够处理不完整、模糊不确定或规律性不明显的数据,所以用神经网络进行价格预测有着传统方法无法比拟的优势。从市场价格的确定机制出发,依据影响商品价格的家庭户数、人均可支配收入、贷款利率、城市化水平等复杂、多变的因素,建立较为准确可靠的模型。该模型可以对商品价格的变动趋势进行科学预测,并得到准确客观的评价结果。

(二)风险评估

风险是指在从事某项特定活动的过程中,因其存在的不确定性而产生的经济或财务的损失、自然破坏或损伤的可能性。防范风险的最佳办法就是事先对风险作出科学的预测和评估。应用机器学习中的神经网络的预测思想是根据具体现实的风险来源,构造出适合实际情况的信用风险模型的结构和算法,得到风险评价系数,然后确定实际问题的解决方案。利用该模型进行实证分析能够弥补主观评估的不足,可以取得满意效果。

第三节　农业信息化领域

一、数字农业

随着农业信息化的迅速发展,作物图像信息成为农业大数据的主体。

农业是一个复杂的生命系统,具有典型的生态区域性和生理过程复杂性。信息技术是推动社会经济变革的重要力量,加速信息化发展是世界各国的共同选择。我国是个农业大国,对农业信息化技术与科学有着巨大需求。我国农业信息技术通过近 10 多年的发展,大量的国家级项目得以成功实施,如"土壤作物信息采集与肥水精量实施关键技术及装备""设施农业生物环境数字化测控技术研究应用""北京市都市型现代农业 221 信息平台研发与应用""黄河三角洲农产品质量安全追溯平台"等,农业信息化取得了丰硕成果。

农业物联网成为农业信息化系统的重要设施,它将视频传感器节点组建为监控网络,远程监护作物生长,帮助农民及时发现问题。农业物联网运用温度、湿度传感器、光传感器等设备,检测生产环境中的诸多农情环境参数,通过仪器仪表实时显示和自动控制,保证一个良好的、适宜农作物的生长环境。农业物联网能设定作物栽培的最优条件,为环境精确调控奠定了科学依据,提高产量、优化农产品品质、改善生产力水平。在此过程当中,随着农业物联网发展迅速,农业大数据现象急剧凸显。

云计算技术的发展推动了农业大数据的共享和有效管理。日本富士公司在 2010 年推出了农业产业发展的云计算服务,日本国家农业信息化工程技术研究中心将云存储用于海量农业知识资源管理,实现了 3.2 TB 农业资源的有效管理,国家级农业信息资源步入 TB 时代。有学者基于大数据研究了农村耕地流转测报,及南方双季稻春冷害预测方法,取得了应用价值不菲的研究成果。

果园物联网建设大大提升了果蔬生产能力和效益。北京农科院在顺义区农科所基地、绿富农果蔬专业合作社、康鑫园农业生产基地等果蔬基地安装土壤环境信息感知、空气环境信息感知、气象信息监测感知、视频信息感知等各类感知设备 130 套,配套自动灌溉、用水调度调控及温室环境综合调控设备 45 套,并预留处理接口,实现云端控制,提供通过手机、计算机的农业生产过程监管和农产品市场行情云服务。

定点视频感知设备是产生农业图像数据的重要源头。例如,中国农业科学院主导的项目"小麦苗情远程监控与诊断管理",按 100 个监测点计算,每天就产生约 1 TB 的高清数据。在小麦数据监控工作中,对生育期进程进行监测,在监测的过程中研究、探讨不同发育时期各项生理指标的变化,如何利用监测数据进行科学的判断决策,为小麦化学除草技术及用药提供指导。比如:除草剂是植物毒剂,除草效果受环境条件、用药技术水平的影响较大,技术指导对于改进除草效果有着潜在的建设性意义。

移动农业机器人也是农业图像信息获取的主要途径。在澳大利亚,采用机器人技术提高农业领域竞争力的现象相对普遍。农业机器人本质上是一种智能化农业机械。它的出现和应用,改变了传统的农业劳动方式,改变了定点视频监控局面,实现了农情信息巡防,能够捕获更精准、多角度的农业图像信息。

因此,伴随着农业智能设备及传感器、物联网的普遍应用,海量有价值的农业图像数据和农情信息得以采集、存储。如何对这些数据特别是图像数据进行处理,从中发现、提取新颖的农业知识模式,成为发掘项目效益和促进农业生产力发展的关键举措。相对于海量积累的农业数据,机器学习的行业基础技术储备严重不足,农业领域现有处理技术无法满足如此大规模信息的即时分析挖掘需求。如何进行数据处理和学习,挖掘有价值的农业生产知识,使之有效地服务于智慧农业,已经成为现代农业发展的突出科技问题。

二、机器视觉与农业生产自动化

机器视觉技术在农业生产上的研究与应用,始于 20 世纪 70 年代末期,主要研究集中于桃、香蕉、西红柿、黄瓜等农产品的品质检测和分级。由于受到当时计算机发展水平的影响,检测速度达不到实时的要求,处于实验研究阶段。随着电子技术、计算机软硬件技术、图像处理技术及与人类视觉相关的生理技术的迅速发展,机器视觉技术本身在理论和实践上都取得了重大突破。在农业机械上的研究与应用也有了较大的进展,除农产品分选机械外,目前已渗透到收获、农田作业、农产品品质识别以及植物生长检测等领域,有些已取得了实用性成果。

农作物收获自动化是机器视觉技术在收获机械中的应用,是近年来最热门的研究课题之一。其基本原理是在收获机械上配备摄像系统,采集田间或果树上作业区域图像,运用图像处理与分析的方法判别图像中是否有目标(如水果、蔬菜等),发现目标后,引导机械手完成采摘。研究涉及西红柿、卷心菜、西瓜、苹果等农产品,但是,田间或果园作业环境较为复杂,使得采集的图像含有大量噪声或干扰,例如植物或蔬菜的果实常常被茎叶遮挡,田间光照也时常变化,因此,造成目标信息判别速度较慢,识别的准确率不高。

由于受计算机、图像处理等相关技术发展的影响,机器视觉技术在播种、施肥、植保等农田作业机械中的应用研究起步较晚。农药的粗放式喷洒是农业生产中效率最低、污染最严重的环节,因此需要针对杂草精确喷洒除草剂、针对大田植株喷洒杀虫剂进行病虫害防治。采用机器视觉技术进行农田作业时,需要解决植株秧苗行列的识别、作物行与机器相对位置的确定导向和杂草与植株的识别等主要问题。

农产品品质自动识别是机器视觉技术在农业机械中应用最早、最多的一个方面,主要是利用该项技术进行无损检测。一是利用农产品表面所反映出的一些基本物理特性对产品按一定的标准进行质量评估和分级。需要进行检测的物理参数有尺寸、质量、形状、色彩及表面缺损状态等。二是对农产品内部品质的机器视觉的无损检测。如对玉米籽粒应力裂纹机器视觉无损检测技术研究,采用高速滤波法将其识别出来,检测精度为90%;烟叶等级判断的研究在实验室已达到较高的识别效果,与专家分级结果的吻合率约为83%。三是对果梗等情况的准确判别对水果分级具有非常重要的意义,国外学者对果梗识别已进行了不少研究。到目前为止,所提出的识别果梗的有关算法均还存在计算复杂、速度较慢、判别精度低等问题,还有待于进一步深入研究。由于农产品在生产过程中受到人为和自然生长条件等因素的影响,其形状、大小及色泽等差异很大,很难做到整齐划分,及根据质量、大小、色泽等特征进行质量分级、大小分级,通常只能进行单一指标的检测,不能满足分级中对综合指标的要求,还需配合人工分选,分选的效率不高,准确性较差,也不利于实现自动化。长期以来,品质自动化检测和反馈控制一直是难以实现农产品品质自动识别的关键问题。

设施农业生产中,为了使作物在最经济的生长空间内,获得最高产量、品质和经济效益,达到优质高产的目的,必须提高环境调控技术。利用计算机视觉技术对植物生长进行监测具有无损、快速、实时等特点,它不仅可以监测设施内植物的叶片面积、叶片周长、茎秆直径、叶柄夹角等外部生长参数,还可以根据果实表面颜色及果实大小判别其成熟度以及作物缺水缺肥等情况。

三、作物病害识别

(一)作物图像信息自动识别有助于作物病害长势的智能解读及预警

当农民看到小麦地里长出了杂草时,他的第一反应是如何除草。当果农看到果体体表出现腐烂、轮纹或者黑星时,他的第一反应是果实得了什么病,该喷什么药防止其蔓延。当农业生产环境中的视频感知设备,或者农业机器人感知到类似的图像信息时,大部分设备只是当作什么都没发生,如往常一样把这些信息数字化并记录下来,传输到云端保存起来,这就是视频设备对农情的视而不见。

(1)设备只能采集图像,缺乏加工提取功能,无法得到有价值的信息。对云端的农情图像信息分析识别处理,而使得系统能做出类似智能生命体的响应,这成为解决问题的首要任务。要设备能够"看得见",关键是设备要具备图像信息的识别功能。农业图像信息识别在生产中也有着广泛应用。

(2)提高农业机械作业的效率。在大田杂草识别方面,采用机器视觉图像信息,基于纹理、位置、颜色和形状等特征,识别作物(玉米、小麦)行间在苗期的杂草,针对性地变量喷洒化学制剂,提高精准农业的效率。

(3)开发高智能水平的农业机器人。在农业机器人视觉领域,中国农业大学实验室研制的农业机器人,成功执行从架上采摘黄瓜放到后置筐的操作过程,它装备了感应智能采摘臂,通过电子眼,可以在 $80\sim160$ cm 高度内定位到成熟黄瓜的空间位置,并且自动地伸出采摘手臂实施采摘,再由机械手末端的柔性手臂根据瓜体表皮软硬度自动紧握黄瓜,再用切刀割断瓜梗,缓缓送入安装在机器人后面的果筐。其中,关键的系统是果实识别,利用黄瓜果实和背景叶片在红外波段呈现较大的分光反射特性上的差异,将果实和叶片从图像中分离。

(4)实时预警和识别作物病虫害。有研究人员基于图像规则与安卓手机的棉花病虫害诊断系统,通过产生式规则专家系统和现场指认式诊断,开发了基于安卓系统的病害诊断。通过在现场,实时获取到作物的长势信息,对其病虫害感染情况通过智能识别和诊断系统作出科学判断。

(5)处理识别非结构化的图像数据成本高,过程复杂。在农业大数据中,结构化的数值数据如气象、土壤等,其含义已经明确,数据和生态环境相关性,可以通过农学知识给出,知识挖掘任务主要是探讨其中时间序列的规律以指导农业耕作,其数据容量相比于图像是很小的。图像直观、形象地表达了作物生长、发育、健康状况,受害程度,病因等方方面面的信息。资深农学专家能看懂,悟出其中语义,做出准确把握,给农技措施给出科学指导。让机器视觉设备能实施同样工作,就是研究的终极目标。培养资深专家高昂的社会成本、时间成本,专家的稀缺性,以及大数据的海量、决策紧迫性都使得依靠人力来快速、科学解读农业数据的海量图像信息显得极不现实,图像信息的机器识别对于解决问题能发挥出巨大的推动作用。

(二)作物病害图像识别促进精准、高效、绿色农业发展

农业生产过程中,生理病变和虫害侵袭仍然是妨碍作物生长的基本问题。在病害空间分布、杂草种类不能准确识别的前提下,盲目、笼统地喷洒化肥、杀虫制剂等化学物质不仅会造成大量浪费,而且会严重污染土壤环境,危及食品、食材安全,进而影响人类健康。因此,研究如何利用机器视觉和图像感知自动、及时、精确识别作物和杂草、健康作物和病害作物以及病变种类就十分必要。

农药残留威胁着生态环境和人类健康。喷洒后的农药,一部分附着在农作物表面,或渗入其体内,使粮食、蔬菜、水果等受到污染。另一部分飘落在地表或挥发、飘散到空气中,或混入雨水及灌溉排水进入河流湖泊,污染水源和水中生物。残留农药途径饲料,使禽畜产品受到污染。还有一部分农药通过空气、饮水、食物,最后进入人体,引发多种病害。

此外,过量的化学肥料破坏农业生态环境。农田所追加的各品种和形态的化学肥料,都不可能百分之百被作物吸收,不能吸收的部分给农业生产造成大量浪费,给农业环境带来污染。农业要持续发展,必须尽快实施精准农业策略和化学制剂变量追加,降低农业成本和培养市场竞争优势,保护生态环境,实现可持续发展。

利用视频感知和人工智能技术识别病变图像是实现精准农业变量投入的技术前提,成为精准、高效、绿色、安全、可持续农业的基石。最近几年,信息加工、机器学习技术取得了长足发展,CPU、内存等硬件的性价比也大幅度提高,这些进一步为感知图像的人工智能识别技术在农业信息化领域的应用及科学研究提供了有力支撑。

(三)研究机器学习的作物病害识别将提高农业信息化的智能化水平

智慧农业将物联网技术运用到传统农业,运用传感器和计算机软件通过移动终端或者电脑平台对农业生产进行控制,使传统农业更具有"智慧"。除了精准感知、控制与决策管理外,从更广的意义上讲,它的内涵还包括农业电子商务、食品溯源防伪、农业信息服务等方面的内容,能便捷地实现农业可视化远程诊断

与控制、灾变预警等智能管理。它是农业生产的高级阶段,依托农业生产现场的各类信息传感节点和无线通信网络实现生产环境的智能感知、智能预警、智能决策、智能分析、专家在线指导,为农业提供精准化生产、智能化决策。

智慧农业的物联网积累了海量有价值的农业数据,物联网数据增长速度越来越快,非结构化数据越来越多,"数据泛滥,知识贫乏"也成为智慧农业领域面临的困境。机器学习将提高农业信息系统的智能化水准并大大改善农业信息化服务质量。从实践中不断吸取失败的教训,总结成功的经验,让下一次实践完成得更好,是人类认知的基本路线。让机器也能复制类似的自我学习智能,机器专家成为不断成长寻优的专家,将机器学习智能植入农业智能系统,让智能系统的领域知识动态地自更新、自寻优,从而提高智能系统对农业复杂问题的科学决策水平,延伸农业生产力,这成为机器学习在智慧农业中的终极发展目标。智能和智慧都离不开机器学习,复杂多变的生产环境对智能系统作业精准度提出了更高要求,使得智慧农业日益增长的知识需求和机器学习速度精度之间的矛盾表现得愈加突出,研究机器学习技术在作物病害识别中的应用将大大提高农业信息化的智能化水平,对于推动机器学习新技术有机融入智慧农业有着积极意义。

第四节　城建领域

一、城市规划

城市是一个典型的动态空间复杂系统,具有开放性、动态性、自组织性、非平衡性等耗散结构特征。城市的发展变化受到自然、社会、经济、文化、政治、法律等多种因素的影响,因而其行为过程具有高度的复杂性。城市规划研究与规划编制管理以城市系统为研究对象。在现代城市规划奠基发展的 100 多年间,为了实现建设理想城市的规划愿景,学者、规划师和规划管理者不断吸收、借鉴社会科学和工程技术的最新成果,伴随着社会科学思潮发展和科学技术革命成为规划行业发展的重要动因。近年来,随着移动互联网、云计算和高性能计算等信息技术不断取得突破,城乡规划行业信息化新技术应用再次迎来一股热潮,代表性的探索包括通过大数据剖析人类时空行为从而构建城市空间结构及环境品质的多维度认知,云计算和高性能计算相结合实现协同在线规划、编制管理,以及通过数据增强设计提高设计的科学性等等。进入 2016 年,人工智能(Artificial Intelligence,AI)技术引起人们高度关注并以云计算服务的模式进入实际应用,已经走上不断与最新信息化技术整合提升发展轨道的城乡规划行业会否再次从"大数据时代"走向"AI 时代"引发了业界热议。

(一)采用机器学习 AI 技术升级现有规划决策辅助模型

目前广泛采用的各类规划模拟仿真支持系统大都源于 20 世纪 80 年代基于专业领域 AI 技术开发的专家系统或决策支持系统。这些系统中的重要模块，如交通仿真模型和土地利用模拟模型，往往基于单 PC 或单工作站计算能力，采用元胞自动机、多智体、空间句法等 AI 算法内核进行开发，仅能适应简单要素和理想边界条件下的仿真预测。目前常规的技术升级路线是基于现有模型，应用高性能计算的并行处理能力，提高模拟能力和效率。例如：在交通仿真模型方面，欧美发达国家已开发出一些应用级系统，如加拿大的 Softimage 公司和英国的 Quadstone 公司开发的 PARAMICS 交通并行仿真系统，以及德国 PTV 公司开发的 VISSIM 等等；在城市用地模拟方面，基于元胞自动机并行化思路提高模拟效率的学术理论探讨已经展开，依据这一技术路线，用于 AI 模型训练的数据来源仍仅局限于结构化基础数据，而在大数据时代产生的大量视频监控、街景地图、航拍遥感、社交网络照片等图像、视频非结构化数据所蕴含的内在经验无法融入。笔者认为，可参考 Google Q - Network 等的模型构建思路，将非结构化数据（在 Google 案例中是游戏场景，在规划领域则可是各类建成环境的现实影响或设计效果）的深度学习与传统决策支持模型相结合将是今后对规划决策辅助模型的更有效的升级路径。基于这一技术路线，有望实现从单要素的预测向多要素集成预测分析，从平面、线性的用地属性、规模和流量预测转向三维、立体的空间品质、城市活力等人居环境要素综合预测。

(二)采用机器学习 AI 技术辅助规划文本编制

随着规划行业从物质形态设计向多规融合的空间治理公共政策的转型，在宏观、中观规划和规划公共政策等领域，以自然语言形式存在的规划文本、基础资料、访谈记录、专家及社会公众评论和政策法规与规划图件具有相同的重要地位。目前的状况是各类文本信息的承载的逻辑关系、策略、经验均依靠规划师的个人经验和大脑存储。资深的规划设计人员或许都会存在一个体验，即每次规划启动阶段收集的海量文本数据，往往都仅靠人工阅读留下模糊印象，在规划成果部分采用；不少规划文本和政策文件往往停留在文字工整、标题醒目的表面水平上，核心观点以及内在因果逻辑关系的科学合理性很难保证。

自然语言深度学习也是机器学习 AI 技术的重要领域，目前已初步运用于电子商务推广等领域。在电子商务领域应用的其内在逻辑是通过海量分析学习非结构化的文本信息(如消费者的评论),得出内在关系经验和规律,进而提出商业策略建议。

二、绿色建筑智能控制

进入 21 世纪,随着地球上可用能源的减少和人类对能源需求的不断增加,人类最终将面对能源短缺匮乏的危机,此外,能源的不合理使用所造成的污染,也给生态环境造成了很大的破坏。建筑作为能源消耗的主要群体,在为人们创造了温暖舒适、适合居住的生活环境的同时,也在以极快的速度吞噬着地球上有限的可用能源,并制造出大量有害污染物。据统计,进入 21 世纪以来,楼宇建筑每年消耗的能量占全球总能耗的 50% 以上,远远超过了工业、交通和其他一系列高能耗行业。随着建筑能耗问题的日趋严峻,如果不能够及时地改变建筑方法,调整对传统建筑的认识并广泛实施绿色智能建筑的观念,人类将会很快就面临能源枯竭、生态环境恶化等问题。

传统建筑的发展趋势是以能够减少污染物排放、对环境友好并提高能源利用率的绿色建筑为主。绿色建筑是指能够向居住人群提供健康、舒适的工作生活环境,并能够以最高效率利用能源、最低限度地降低对环境的影响的建筑物。绿色建筑最基本的特点是:绿色化、以人为本、因地制宜、整体设计。这表明绿色建筑既要遵循选址相关的设计原则,又要充分考虑所在地点的气候和环境,最大限度地利用自然采光、自然通风、被动式集热和制冷,从而减少因为通风、采光、供暖和制冷所导致的能耗和污染,着眼于整体和大局进行设计与实施。

随着信息技术的快速发展,绿色建筑的智能化是其发展的必然趋势。绿色建筑的智能化是指利用系统集成的方法,将计算机科学、控制理论、信息科学与建筑设计有机结合,通过跨学科、跨领域理论融合,对建筑内用户的行为进行具体的分析和建模,对所在地区的环境因子进行监测和控制,使其满足人们对舒适生活的诉求;经过控制算法的处理后,使得该绿色建筑可以在保证居住者最大程度的健康舒适的基础上,实现能源最大程度的利用并尽量减少污染物的排放。

机器学习方法凭借其对数据进行主动学习并能够从中提取相应的子类和作出智能决策的强大能力,在需要决策支持的领域有效地提供了一系列新的解决方法。机器学习算法可以从已知数据中分析出未知的、潜在的概率分布,这就使得机器能够像人一样具备思维、学习甚至创造的能力,这样机器就可以更进一步地帮人们做更多的工作,进一步地提高生产和工作的效率。机器学习研究重点关注的是对数据进行自主的学习,识别其中的复杂模式并做出智能决策,其难点在于所有可能的输入所对应的可存在的行为集太大,导致已经观察的实例(训练数据)无法覆盖。因此,机器学习算法必须能够根据所给定的实例进行泛化以便对新样本也能产生有用的输出。此外,泛化能力对机器学习算法在实际应用中发挥效果也起到了至关重要的作用。通过模拟人的思维方式和行为方法,机器学习算法在人工智能学科的发展中占据了重要的地位。

三、城市区域与功能

城市功能区是实现城市经济社会各类职能的重要空间载体,其数量与分布集中地反映了城市的特性,是现代城市发展的一种形式。城市功能区可由两种途径产生:其一,社会自发形成。一个地区居住人群和生活方式的改变会导致该地区功能的变化。其二,通过城市规划者人为设计,利用一系列投资建造使其成为某个功能区,如开发房地产、兴建游乐园等。

基于波段的遥感图像分类技术在城市地类识别和动态监测中获得了广泛应用,这为实时获取城市功能区的空间分布提供了可行的研究思路。然而,由于遥感图像的分类结果多侧重于区域的自然属性,如草地、建筑用地或湖泊等,很难获得诸如商业区、住宅区等区域经济社会属性。

一些学者通过收集每个区域的经济、人口和交通数据等,再通过模糊分类方法划分城市功能区。其中的商贸繁华度、人口密度、道路通达度和绿地覆盖率等数据获取难度较大,实际应用前景有待检验。

另外,上述方法都无法获取功能区的强度信息,而其对于城市规划、交通规划以及人们的日常出行等是一个非常重要的指标。移动定位设备的普及极大地便利了行人 GPS 移动轨迹的获取,从海量轨迹数据中挖掘用户出行信息和移动模式已成为空间数据挖掘领域的一个热点。

除导航外,GPS 数据中还蕴含着丰富的关于人类移动模式的知识。从 GPS 轨迹数据中可以提取用户的出行信息,通过预测模型来缓解城市的交通压力。通过行人轨迹提取密度和分布信息,可以为政府部门提供更好的城市规划。

事实上,行人移动轨迹中隐含的出行规律和移动模式与城市功能区定位存在很大的关联性。例如,工作日住宅区的出发高峰出现在早上,到达高峰出现在傍晚,而工业区正好相反;商业区的到达高峰出现在周末下午,且强度高于住宅区;绿化区的到达高峰出现在早上和傍晚,强度较小。

基于此,将行人的移动模式与城市功能区相结合,通过机器学习方法,可以从看似杂乱无章的 GPS 移动轨迹中发现城市的不同功能分区及其强度,以期为城市规划、建设和管理提供一定的决策参考。

第七章 深度学习技术的应用

第一节 语音和音频处理中的应用

一、语音识别中声学模型的建立

语音识别是深度学习方法在工业界中的第一个成功应用。这是工业界和学术界紧密合作的成果,源于微软研究院研究员对大规模的工业需求前瞻性的预见以及积极地参与,也源于不断深入探索深度学习能力以及研究语音识别的最新技术,其中包括引人瞩目的高效解码技术。

长期以来,隐马尔可夫模型(Hidden Markov model ,HMM)和高斯混合模型(Gaussian Mixed Model,GMM)的方法在语音识别中占据主导地位。该方法主要基于上下文相关的浅层、扁平的 GMM 和 HMM 生成式模型。虽然神经网络的方法有一段时间非常流行,但效果还是远不如 GMM – HMM。即便是具有深度隐藏动态(deep hidden dynamics)特征的生成式模型也难以与 GMM – HMM 的识别效果相比。

2010 年,在学术界和工业界研究者的紧密合作下,深度学习和 DNN 开始对语音识别领域产生影响。合作从音素识别任务开始,在这个任务中,将混合 DNN 以及卷积(convolutional)和回归(recurrent)结构的新模型的建模能力体现得淋漓尽致。在特征方面,研究者从普遍使用的 MFCC 特征向更底层的特征进行研究,这也说明了原始语音频谱特征的重要性,尽管如此,截至撰写本书时,仍然没有发现使用原始语音波形作为特征的方法。工业界和语音界的合作也在大词汇量语音识别领域取得了很好的成果。类似 GMM – HMM 的语音单元(senones),DNN 在大词汇量语音识别领域的成功应用很大程度上归功于大规模输出层结构的使用。语音研究者想继续保持业已证明在 GMM – HMM 框架中非常有效的上下文相关的音素建模技巧,同时对已有的高效的 GMM – HMM 解码器软件架构进行尽量小的改动来适应新的模型。同时,这项工作也表明,当拥有足够大的数据量时,可以不必使用基于 DBN 的预训练。以下三个因素,使得基于深度学习的语音识别从学术界到工业界取得了广泛的成功:第一,相比目前最好的 GMM－HMM 系统，识别错误率明显下降；第二，音素状态（senones）作为 DNN 输出层使得部署基于 DNN 的解码器对原解码器的改动很小；第三，DNN 强大的建模能力降低了系统的复杂性。

(一)回归语音的原始频谱特征

深度学习，也称为表示学习或（无监督）特征学习，它要达到的一个重要目标是使其能够自动地从原始数据中提取有效的特征，这个目标与具体应用领域的种类是无关的。对于语音的特征学习和语音识别而言，这个目标可以归纳为对原始频谱特征的使用或是对波形特征的使用。过去 30 年以来，虽然对语音频谱进行变换丢失了原始语音数据的部分信息，但是多种"手工制作"（hand－crafted）的特征促进了 GMM－HMM 系统识别率的巨大提升。其中最成功的是非自适应的余弦变换，它促进了梅尔频率倒谱系数（Mel－Frequency Cepstral Coefficients，MFCCs）特征的产生。余弦变换近似地去除了特征成分之间的相关性，这对于使用对角协方差阵的 GMM 来说是很重要的。然而，深度学习模型（如 DNN、DBN）、深度自编码器替代 GMM 模型以后，由于深度学习建模方法具有强大的相关性建模能力，去除特征之间的相关性变得无关紧要。较早的一篇研究论文说明了深度学习的这个优点，并且在使用非监督学习的自编码器对语音的瓶颈层（bottleneck）特征进行编码时，直接使用语谱比 MFCC 更有效。

从语音波形（原始语音特征）到 MFCC 以及它们的时间差分，这个流程经历了多个中间步骤，如对数谱、Mel 域滤波器组，参数是从数据中学习得到的。深度学习的一个重要特性是：不用单独设计特征表示器和分类器。这种同时学习分类器和特征表示的思想，其实在基于 GMM－HMM 的语音识别中早有研究，然而也只是近期应用深度学习的方法使得语音识别的识别率大大提升。Mohamed 等人、Li 等人和 Deng 等人均指出，在大规模的 DNN 中使用原始 Mel 域的滤波器组特征替代 MFCC 可以使错误率显著降低。这些结果说明，DNN 可以从 Mel 域的滤波器组特征中学习到比固定余弦变换更好的变换。

相比于 MFCC，原始频域特征不仅保留了更多的信息，而且可以使用卷积和池化（pooling）操作来表达和处理一些典型的语音多变性，例如说话人的声带长度差异、不同发音风格引起的共振峰位置差异等，而这些多样性都隐含在频域中。例如，只有用频域特征替换 MFCC 特征之后，卷积神经网络（Convolutional Neural Network，CNN）方可有意义并有效地应用在语音识别中。

Sainath 等人通过学习定义在能量谱上的滤波器组参数，向原始特征又迈进一步。也就是说，与 Mel 域的滤波器组特征作为输入不同的是，Mel 域滤波器的权值仅用于初始化参数，再和其余的深度神经网络层参数一起进行学习，得到分类器。结果表明,这种方法使得识别错误率大大降低。

　　事实证明,学习频域特征和时域特征对语音识别都是十分有益的。通过对网络进行逐层分析来揭示原始滤波器组特征作为输入时 DNN 不同层次的性质。使用 DNN 所带来的语音识别准确率的提升,部分归功于 DNN 能够提取区分性内部表示的特性,这一特性对于多种来源的语音信号可变性是鲁棒的。另外,网络高层获得的区分性的内部表示对输入层的微小扰动不敏感,这一特点帮助了语音识别率的提高。

　　最后,深度学习将促进更底层原始语音特征(如语音波形)的使用来进行语音识别,并自动学习特征变换。在隐层使用整流线性单元(rectified linear units),可在一定程度上自动地对语音波形幅度变化进行归一化。虽然最终实验结果并不是很好,但是这项工作说明在使用原始特征方向上有待更深入的研究。

(二)DNN－HMM 架构和使用 DNN 生成特征的对比

　　近来另一个研究热点是在使用深度学习方法的语音识别中两种迥然不同的方式:方式一,直接使用 DNN－HMM 架构进行语音识别;方式二,首先使用 DNN 提取特征,然后将其作为一个独立的序列分类器的输入。在语音识别领域,神经网络的输出直接用于估计 HMM 的发射概率的系统称为 ANN/HMM 混合系统。为了学习 DNN 的参数,将无监督的预训练和有监督的精调相混合,ANN/HMM 混合系统中所说的"混合"和这种"混合"是不一样的。

　　1. DNN－HMM 架构作为识别器

　　早期的 DNN－HMM 架构是在神经信息处理系统大会(Conference and Workshop on Neural Information Processing Systems,NIPS)上提出的,该架构由多伦多大学和微软研究院的语音研究者建立。在这项工作中,使用 5 层 DNN(在论文中称为 DBN)替换 GMM＋HMM 系统中的混合高斯模型(GMM),并以单音素(monophone)状态作为建模单元。尽管单音素比三音素(triphone)的表征能力差一些,但使用单音素 DNN－HMM 架构的方法却比当时最先进的三音素 GMM－HMM 系统识别率更高。此外,DNN 的结果还略优于当时最好的隐生成轨迹模型(Hidden Trajectory Model,HTM)系统。这些实验都是在研究者熟知的 TIMIT 数据上得到的结果,并且采用相同的评测方法。在雷德蒙德的微软研究院,通过对这两个相互独立的系统(DNN 和 HTM)的仔细分析,发现它们产生的错误类型大相径庭,这反映了两种方法的核心能力不同,引发了对 DNN－HMM 方法更多、更深入的研究。下面将对这些研究进行介绍。

　　微软研究院和多伦多大学的研究者将 DNN－HMM 系统从单音素表示扩

展到三音素表示或上下文相关的表示,从音素识别扩展到大词汇量语音识别。微软研究院在 24 小时和 48 小时的 Bing 语音搜索的录音数据上的实验结果表明,上下文相关的 DNN-HMM 性能明显优于主流的 GMM-HMM 系统。除了使用 DNN 之外,还有三个因素促进了这项研究的成功:使用绑定三音素作为 DNN 建模单元,状态对齐结果由最好的三音素 GMM-HMM 系统给出,很好地利用长窗输入特征。实验还表明,使用 5 层 DNN-HMM 系统的解码时间几乎与最先进的 GMM-HMM 系统相同。

这些成功迅速扩展到几百甚至几千小时的训练数据,具有几千个三音素状态的大词汇量语音识别任务,包括 Switchboard 和广播新闻数据集、Google 语音搜索和 YouTube 等任务。以 SwitchBoard 为例,与最先进的 GMM-HMM 系统相比,上下文相关的 DNN-HMM(context-dependent DNN-HMM,CD-DNN-HMM)使识别错误下降了三分之一。尽管 DNN-HMM 整体架构的概念简单,并有一些公认的缺点,但是这些实验已经足够证明 DNN 方法强大的描述能力。

2. 在独立的识别器中使用 DNN 提取的特征

对于语音识别而言,上述 DNN-HMM 架构的一个明显缺点是,尽管近来 DNN-HMM 架构也采用了类似的技术,在过去 20 年间提出的很多针对 GMM-HMM 行之有效的技术,如区分性训练(特征空间和模型空间)、无监督说话人自适应算法、噪声鲁棒算法和在大数据集下可伸缩的批训练工具可能无法直接应用到新的系统中。利用赫尔曼斯基(Hermansky)等人最初提出的"串联"(tandem)方法可以有效地解决这个问题,这个方法将神经网络的音素后验概率输出和声学特征相结合,从而生成新的扩展特征来作为独立 GMM-HMM 系统的输入。在无噪声的情况下 DNN 是优于单层神经网络的,但是随着噪声加大,这个优势逐渐消失。此外,在低噪或中等噪声情况下的串联结构,使用 MFCC 和 DNN 后验结合的特征是优于只用 DNN 特征的。

另一种提取 DNN 特征的方法是使用"瓶颈"(bottleneck)层,它比 DNN 的其他层节点数都少,目的是限制网络的容积。这种瓶颈层特征,通常和原始声学特征相结合并加以其他降维技术,作为 GMM-HMM 系统的输入。一般认为 UNN 生成的瓶颈层特征,可以当作从短时频谱中提取的声学特征的一个补充。

还有一种由 DNN 生成特征的方法,是将网络最后一个隐层的输出作为新的独立识别器的输入。使用的 GMM-HMM 识别器中,其输入来自 DNN 的高维输出经过降维后得到的特征。在最新的研究中,递归神经网络(Recurrent Neural Network,RNN)充当后端识别器,DNN 的高维输出不经过降维而直接作为特征输入给该识别器。这些研究也表明,从 RNN 序列识别器的识别精度来看,使用 DNN 最高隐层作为特征相比其他隐层或输出层的效果更好。

(三)深度学习对噪声的鲁棒性

关于语音识别噪声鲁棒性的研究已经有很长的历史,比深度学习的出现都要早得多。一个主要原因是基于 GMM - HMM 的声学模型对于不同加噪测试数据的脆弱性,这是由带噪的测试数据在特性上与训练数据(可能带噪或不带噪)不同所导致的。按以下 5 个不同准则对过去 30 年中的噪声鲁棒技术进行分析及分类:第一,特征域与模型域的处理;第二,使用声学环境失真的先验知识;第三,显式地使用环境失真模型;第四,确定与不确定的处理方式;第五,使用与测试阶段相同的特征增强或者模型自适应技术训练的声学模型。

许多在模型层面提出的 GMM - HMM 抗噪技术并不可以直接应用到深度学习的语音识别中,而特征层面的技术则可以直接应用到 DNN 系统中。Seltzer 等人对特征层面语音识别噪声鲁棒性进行了深入的研究,他们在 DNN 的输入特征层应用了 C - MMSE 特征增强算法。通过对训练数据和测试数据使用相同的算法,DNN - HMM 识别器可以学习到增强算法引入的一致性错误和失真。这项研究也成功地探索了噪声察觉(noise - aware)的 DNN 训练模式,其中将对噪声的估计拼接到每个观测上,在 Aurora4 任务中取得了很突出的效果。

除了 DNN,研究者也提出了其他用于特征增强和噪声鲁棒性语音识别的深度网络架构。例如,Mass 等人使用深度回归自动编码器网络来消除输入特征中的噪声。Vinyals 和 Ravuri 研究了噪声鲁棒性语音识别的串联(tandem)方法,其中 DNN 用噪声数据直接训练并生成后验特征。最后 Rennie 等人探索使用一种 RBM 来做噪声鲁棒性识别,称为因子化隐 RBM。

(四)DNN 的输出表示

在语音识别和其他信息处理应用中,大多数深度学习方法在没有过多考虑输出表示的情况下,着眼于从输入声学特征来学习进行表示。例如,深度视觉语义向量模型(Deep Visual - Semantic Embedding Model),利用从文本向量中得到的连续值输出表示,来帮助深度网络对图像进行分类,强调了在语音识别中为神经网络输出层设计有效的语言表示的重要性。

现在,大多数的 DNN 系统使用高维的输出层表示,来匹配 HMM 中上下文相关的音素状态。由于这个原因,输出层的计算会消耗总计算时间的 1/3。为了提高解码速度,通常将低秩近似(low - rank approximation)应用到输出层。首先训练高维输出层的 DNN。然后应用奇异值分解(Singular Value

Decomposition,SVD)对输出层矩阵进行降维。输出矩阵进一步合并,用两个小矩阵乘积作为原始大权值矩阵的近似结果。这种技巧实质上将原始高维输出层转换为两层——一个瓶颈线性层和一个非线性输出层——两者都具有很小的权重矩阵。降维转换后的 DNN 被进一步优化。实验结果表明,即使输出层大小减少一半,识别率也不会降低,同时计算时间大幅度减少。

语音识别的输出表示可以从符号或音系单位结构化的设计中获益。众所周知,人类语音具有丰富的符号本质音素结构。同样地,长久以来,在工程应用的语音识别系统中,使用音素或更精细的状态序列,即使上下文相关,也不足以表示这种丰富的结构。因此,符号或音系单位的设计也是提高语音识别系统性能的有价值的研究方向。这种输出表示方法综述了语音内部结构的基本理论和语音识别技术的相关性,例如语音模型输出表示的确定、设计与学习。

在语音识别中,着眼于设计与语言结构相关的输出表示,成为基于深度学习的语音识别中越来越热的研究方向。这种输出表示方法论证了基于上下文相关的音素单元的局限并提供了一种解决方案。这种局限的根本原因是,由决策树创建的一个类中所有的上下文相关音素状态共享一套参数,这就降低了解码阶段更细粒度状态的分辨能力。提出的解决方案是:上下文相关 DNN 的输出表示,作为标准状态建模(canonical state modeling)技术的一个实例,其中采用了更广泛的音素类。首先,使用更广的上下文将三音素聚类为多个更小的两音素集合,然后,训练 DNN 以区分这些两音素集合。使用逻辑回归将标准状态转换为三音素状态输出概率。也就是说,上下文相关 DNN 输出层表示的总体设计是自然的分层结构,同时解决了数据稀疏性问题和低分辨率问题。

语音识别中,设计输出层语言表示的相关工作可以参考一些资料,这些设计是在 GMM – HMM 语音识别系统中的,但同样可以扩展到深度学习模型中。

(五)基于 DNN 的语音识别器自适应

DNN – HMM 是 20 世纪 90 年代人工神经网络和 HMM 混合系统的升级版本,这期间出现了很多自适应技术,其中大部分是基于对输入层或输出层的网络权值的线性变换。许多基于 DNN 的自适应探索性研究使用和前文相同或相近的线性变换方法。然而,与早期的窄层和浅层神经网络系统相比,DNIN – HMM 的参数个数明显变多,这是因为 DNN – HMM 需要更深、更宽的隐层结构和更多的上下文相关的音素和状态输出。这种不同给 DNN – HMM 系统的自适应提出了新挑战,尤其是在自适应中数据较少的情况下。这里将讨论在大规模 DNN 系统下最新的几个具有代表性的研究,这些研究旨在克服上述挑战。

DNN 正则化(regularized)自适应技术,是通过强制自适应模型估计出来的

分布与自适应前的接近，来适当地修正权值。这个约束通过对自适应规则增加
Kullback - Leiblers 散度（Kullback - Leibler Divergence，KLD）正则化来实现。
这种正则化方法与传统误差反向传播算法修正目标分布是等价的，因此 DNN
模型训练过程几乎不用做改动。新的目标分布由自适应之前的模型分布的插值
和真实数据与自适应数据的对齐得到。这种插值通过防止自适应模型远离说话
人无关模型，从而避免过度训练（overtraining）。这种正则化的自适应方法与
L2 正则化不同，L2 正则化限制模型参数本身而非输出概率。

　　DNN 自适应不在传统的网络权值上，而是在隐层激活函数上进行。因为这
种方法仅需要对一定数量的隐层激活函数进行自适应，所以有效地克服了现有
基于线性变换自适应方法依赖于输入或输出层权值的弱点。

（六）更好的架构和非线性单元

　　最近几年中，自从全连接（fully - connected）DNN - HMM 混合系统取得巨
大成功之后，研究者提出了许多新架构和非线性单元，并评估了它们在语音识别
中的功效。这里将对这些工作的进展进行综述，作为对文献综述的扩充。

　　DNN 的张量（tensor）版本，对传统的 DNN 进行了扩展，使用双投影层和张
量层替代 DNN 中的一层或多层。在双投影层，任一输入向量投影到两个非线
性的子空间。在张量层，两个子空间投影相互作用，在整个深度架构中共同预测
下一层。一种方法是将张量层映射到传统的 sigmoid 函数层，因此前者就可以
像后者一样进行处理和训练。由于这种映射，张量型的 DNN 可以看成是对
DNN 使用双投影层进行扩充，这样后向传播学习算法便可以清晰地推导，也相
对容易实现。

　　和上述相关的一个架构是张量型 DSN，它可以有效地应用到语音分类和识
别领域。采用同样的方法将张量层（即 DSN 上下文的许多模块的顶层）映射到
传统的 sigmoid 函数层。这种映射再一次简化了训练算法，使其并不偏离 DSN。

　　时域卷积的概念源于延时神经网络（Time - Delay Neural Network，
TDNN），并作为一种浅层神经网络在早期语音识别中得到了发展。最近，研究
者发现应用深层架构（如深度卷积神经网络 CNN）后，在高性能音素识别任务
中，当 HMM 用来处理时间可变性时，频率域权值共享比之前类似 TDNN 中的
时域权值共享更为有效（TDNN 不使用 HMM）。这些研究也说明合理的设计
池化（pooling）策略，并结合 dropout 正则化技术，可以对声道长度不变性和语音
发音之间的区分性进行有效折中，从而得到更好的识别结果。这些工作进一步
指出，在混合的时域和频域里，使用池化和卷积对贯穿整个语音动态特性的轨迹
区分性和不变性进行折中，是一个重要的研究方向。此外，最近的研究报告也显

示,大词汇量连续语音识别也可以从 CNN 中受益。这些研究进一步说明,使用多个卷积层,且卷积层使用大量卷积核或特征映射时,会有更大的性能提升。Sainath 广泛探索了许多深度 CNN 的变种。在和许多新方法的结合下,深度 CNN 在一些大词汇量语音识别任务上取得了领先的结果。

除了 DNN、CNN、DSN 和它们对应的张量版外,许多其他深度模型在语音识别领域也得到了应用和发展。比如,深度结构的 CRF,它具有很多堆叠的 CRF 层,也有效地应用到了语种识别、音素识别、自然语言处理中的序列标注、语音识别中的置信度校正等许多任务中。

最近,Demuynck 和 Triefenbach 发展了深度 GMM(deepGMM)架构,DNN 强大的性能得到借鉴并应用到构建分层的 GMM。他们的研究表明,结构变深与变宽,同时将底层 GMM 的加窗概率输到高层 GMM 中,深度 GMM 系统的性能足以与 DNN 相比。GMM 空间的一个优点是,数年以来在 GMM 上的自适应和判别式学习方法仍然适用。

或许最值得注意的深度结构是回归神经网络(RNN)及其堆叠或深度版本。尽管 RNN 最早在音素识别中取得成功,但由于其训练的错综复杂性,很难推广,更不用说应用在大规模的语音识别任务上了。此后,RNN 的学习算法得到很大的提升,也获得了更好的结果,特别是双向长短时记忆(Bi‐directional Long Short‐Term Memory,BLSTM)单元的使用。

众所周知,由于梯度消失或者爆炸的问题,学习 RNN 的参数十分困难。Chen 和 Deng 开发了一种被称为原始-对偶(primal‐dual)的训练方法,它将 RNN 的学习问题抽象为标准的优化问题,通过最大化交叉熵,限制 RNN 的循环矩阵小于固定的值,从而保证动态 RNN 的稳定性。在音素识别的实验结果如下:第一,原始-对偶技术对训练 RNN 非常有效,优于早先限制梯度的启发式方法。第二,使用 DNN 计算的高层语音特征作为 RNN 的输入,相比没有使用 DNN,其识别精度更高。第三,当从高层到低层提取 DNN 特征时,识别精度逐渐下降。

RNN 的一种特殊形式是储藏模型(reservoir models)或回响状态网络(echo state network),其中将普通 RNN 中的输出层非线性单元改为固定的线性单元,权值矩阵是精心设计而非训练学习所得。由于参数学习的困难性,输入矩阵也是固定的,并非学习而来的。只有隐层和输出层之间的权值矩阵是通过学习而来。由于输出是线性的,全局优化有封闭形式的解,所以参数学习非常高效。但是因为许多参数并非学习得到,所以隐层必须足够大才能获得足够好的结果。

除了上面介绍的最近用于语音识别的深度学习模型之外,近来在设计和实现更好的非线性单元上也不断涌现出新的研究工作。尽管 sigmoid 和 tanh 是

DNN 最常用的非线性单元,但它们的缺点也很明显。例如,当网络单元在两个方向都接近饱和时,梯度变化很小,整个网络的学习变得很慢。

最近提出的另一种在语音识别上有用的 DNN 单元是最大输出(maxout)单元,它用于构建深度最大输出网络。一个深度最大输出网络由多层以 maxout 为激活函数的单元组成,在一组固定输入权值上进行最大化(或称 maxout)操作。这与之前讨论的语音识别和计算机视觉中的最大池化(maxpooling)类似,每一组最大值作为前一层的输出。

最后,另一类新的非线性单元——winner - take - all 单元。将临近的神经元之间的竞争纳入前向网络结构,之后使用不同的梯度进行反向传播训练。Wirmer - take - all 是一种非常有趣的非线性单元的形式,它建立了神经元组(通常为 2 个),在一组之中,除了最大值神经元,其他所有神经元都为 0 值。实验表明,使用这种非线性单元的网络比标准的 sigmoid 非线性网络具有更好的记忆性。这种新型非线性单元还有待于在语音识别任务上评测。

(七)更好的优化和正则化

近期深度学习应用到语音识别声学模型上取得了重大进步的另一个领域是优化准则和方法,及其相关的避免深度网络过拟合的正则化技术。

微软研究院在早期 DNN 语音识别的研究中,首先认识到了传统 DNN 训练过程中要求的错误率和交叉熵训练准则(cross - entropy training criterion)之间的不匹配问题。解决方法是:使用基于全序列的最大互信息(Maximum Mutual Information,MMI)为优化目标,代替帧级的交叉熵训练准则,在和 HMM 结合的浅层神经网络中也使用同样的方法定义训练目标。同样地,这等价于在 DNN 的顶层加上条件随机场(Conditional Random Field,CRF),代替原有 DNN 中的 softmax 层(注意该研究中将 DNN 称为 DBN)。这个新的序列化判别式学习技术也用来联合优化 DNN 权值、CRF 转移权值和二音素(biphone)的语言模型。这里要注意的是,该语音任务数据集为 TIMIT,使用一个简单二元音素的类语言模型。二元语言模型的简单性在于,它允许全序列的训练而不需要网格(lattice),大幅度降低了训练的复杂度。

对于使用更复杂语言模型的大词汇量语音识别,优化全序列的 DNN - HMM 训练变得更加复杂。并行二阶 Hessian - free 优化训练技术的使用,使得上面的优化方法第一次在大词汇量语音识别中得以实现。Sainath 通过减少 Krylov 子空间求解器的迭代次数对 Hessian - free 技术进行了提升和加速,Krylov 子空间用于 Hessian 的隐式估计。另外,还采用了采样的方法减少训练数据以加速训练。随着分批形式、二阶的 Hessian - free 技术成功用于训练全序列的大规模的 DNN - HMM 系统,一阶随机梯度下降方法最近也被成功应用。人们发现需要启发式搜索来处理网格(lattice)的稀疏性,即 DNN 必须通过基于帧的交叉熵训练额外的迭代进行调整,以更新之后的分子网格。而且,在分母网格中需要加入人工的静音弧,或者最大互信息的目标函数需要通过帧级交叉熵目标做平滑。该研究的结论是:尽管本质上目标函数和得到梯度算法相同,但对于使用稀疏网格的大词汇量连续语音识别,实现全序列的训练要比小任务需要更多的工程技巧。

对大规模 DNN - HMM 系统而言,无论是采用帧级还是序列优化目标,为了充分利用大量训练数据和大模型,训练加速是十分必要的。除上述方法外,还有在超大词汇量语音识别中使用异步随机梯度下降(Asynchronous Gradient Descent,ASGD)方法、自适应梯度下降(Adaptive Gradient Descent,Adgrad)和大规模受限存储 BFGS(L - BFGS)方法等。

二、语音合成

除了语音识别之外,深度学习的影响已经延伸到语音合成领域,目的在于克服统计参数合成(statistical parametric synthesis)中基于高斯-隐马尔可夫模型和基于决策树(decision tree)的模型聚类等传统方法的缺点。语音合成的目的是直接从文本(或其他信息)生成语音。2013 年 5 月,国际声学、语音与信号处理会议(International Conference on Acoustics, Speech and Signal Processing, ICASSP)上第一次出现了相关的论文。为了改善基于隐马尔可夫模型并建立在浅层声学模型上的统计参数语音合成系统,这次会议汇报了四种不同的基于深度学习的语音合成方法。

统计参数语音合成出现在 20 世纪 90 年代中期,是现在语音合成领域的主导技术。这种方法使用一组随机生成式的声学模型来对文本和对应的声学实现之间的关系进行建模。最受欢迎的生成式声学模型是基于决策树聚类与上下文相关的隐马尔可夫模型,并假设 HMM 每一状态的输出满足高斯分布。在基于HMM 的语音合成系统中,使用一个统一的上下文相关的 HMM 框架来对频谱、激励以及时长等声学特征同时进行建模。在合成阶段,给定一个待合成文本,文本分析模块先从中提取上下文相关的要素序列,其包括语音学、韵律音韵学、语言和语法上的描述信息。给定上下文相关的要素序列后,就会生成一个与输入文本对应的句子级上下文相关的隐马尔可夫模型,模型参数是由遍历决策树确定的。声学特征的预测,需要在静态特征和动态特征的约束下从句子级的HMM 中最大化它们的输出概率。最后,将预测出的声学模型送入到一个波形合成模块来重构出语音波形。多年来,这种标准方法生成的语音与自然语音相比往往是沉闷且模糊不清的,这可能是由基于浅层结构的 HMM 对声学模型建模不充分导致的,近来的一些研究尝试通过深度学习方法来克服这些不足。深度学习技术的一个重要优势在于,它们通过使用一个生成式或区分性模型框架,使其对高斯随机向量单元之间的内在联系或者映射关系产生强大的表征能力。因此,人们希望使用深度学习技术来克服语音合成使用传统浅层模型在声学建模方面的限制。

最近,研究者进行了一系列探究,使用深度学习方法来克服上述方法的限制,这一思路来自于人类语言产生的内在分层过程以及本章前面介绍的深度学习方法在语音识别上的成功应用。在凌震华等人的研究中,受限玻尔兹曼机(Restricted Boltzmann Machine,RBM)和 DBN 作为生成式模型替代了传统高斯模型,在合成语音的主观和客观评测中都取得了显著的提升。DBN 作为生成式模型来表征语言特征与声学特征的联合分布,决策树和高斯模型被 DBN 所替代。这种方法与使用 DBN 生成数字图像(digit images)的方法很相似。语音合成中通过使用较大的音节规模单元来解决语音中特有的时间序列建模问题(图像中不存在这样的问题)。DNN 的区分性模型作为一种特征提取器从原始声学模型中提取高层结构的信息。在完整的语音合成系统中,这样的 DNN 特征用作第二阶段中从上下文特征中预测韵律轮廓目标的输入。

深度学习在语音合成的应用才刚刚开始,在不久的将来会有更多关于该领域的研究工作。

三、音频和音乐处理

与语音识别类似,最近在音频和音乐处理领域,深度学习也成为一个很重要的研究内容。2009 年发生了深度学习在语音识别上的第一次重大事件,接下来也有一系列相关活动,包括 2012 年 ICASSP 会议上对深度学习进行的全面概述,以及同年在 IEEE 音频、《语音与语言处理会刊》(语音识别最重要的刊物)上的专刊。而深度学习在音频和音乐上的第一个重大事件是在 2014 年 IC - ASSP 会议上的特别专题,题目为"用于音乐的深度学习"(Deep Learning for Music)。

在音频和音乐处理领域,受深度学习影响的研究主要包括音乐信号处理和音乐信息检索。在这两个方面,深度学习面临着一些独特的挑战。音乐音频信号不是按照真实时间(real time)组织的,而是以音乐时间(musical time)组织的时间序列,它随着韵律和情感的变化而变化。测量的信号通常是多个声音的混合,这些声音在时间上是同步的,在频率上是交叠的,是短时和长时相关的混合。影响因素包括音乐的传统、风格、作曲以及演绎。音乐音频信号的高复杂度和多样性使得其信号表征问题能够很好地使用深度学习这一感知和生理驱动的技术所提供的高度抽象(high levels of abstraction)。

在早期的音频信号工作中,是用 RBM 组成卷积结构来构建 DBN 的。在时间上通过隐节点共享权重形成卷积层,来检测时间不变性(invariant)特征。然后进行最大池化(maxpooling)处理,获得短时隐节点领域内的最大激励,产生一些短时不变特征。这种卷积 DBN 应用在音频和语音的很多任务上,包括音乐艺术家和流派的分类、说话人识别、说话人性别分类以及音素分类,都取得了不错的效果。

RNN 也被用于音乐处理上,使用 ReLU 隐藏节点代替传统的非线性逻辑回归和双曲正切函数。ReLU 节点通过计算 $y=\max(x,0)$ 产生更稀疏的梯度,这样在训练中不易发散(RNN 训练的常见问题)而且速度很快。RNN 主要应用于音乐中和弦的自动识别任务上,这类研究在音乐信息检索领域里很受欢迎。使用 RNN 结构的目的是利用它强大的动态系统建模能力。RNN 通过隐层中自连接的神经元来形成内部记忆,这个性质使得 RNN 可以很好地模拟时间序列,比如说频谱的帧序列或者和弦进行中的和弦标注(chord labels in a harmonic progression)。充分训练之后,RNN 就可以在给定前面时刻结束的条件下来预测下一时刻的输出。实验结果表明,基于 RNN 的自动和弦识别系统和现有的最好方法水平相当。RNN 可以学习基本的音乐属性,包括瞬时连续性、波成分和瞬时动态性等。无论音频信号是含糊不清的、带噪的还是很难区分的,RNN 都可以有效地检测出大多数音乐的和弦序列。

第二节 语言模型与自然语言处理中的应用

一、语言模型

语言模型(LM)是很多应用成功的关键,这些应用包括语音识别、文本信息检索、统计机器翻译以及自然语言处理(Natural Language Processing,NLP)的其他任务。语言模型中传统参数估计技术都基于 N 元文法计数的方法。尽管我们已经知道 N 元文法的缺点,但由于许多领域的研究者专注于此,因此 N 元文法依然是主流技术。神经网络和深度学习方法的出现显著降低了语言模型的困惑度(perplexity),而困惑度是应用在一些基准任务上的一种常用的(不是最终的)度量语言模型性能的方法。

在讨论基于神经网络的语言模型之前,需要特别指出的一点是,在构建深度递归结构的语言模型中使用了分层贝叶斯先验。特别地,Pitman - Yor 过程用作贝叶斯先验,构建了一个深层(四层)的概率生成式模型。通过结合自然语言的幂律(power‑law)分布,为语言模型的平滑提供了一种原则性的方法。这种先验知识嵌入在生成式概率模型构建上比在基于区分性网络的模型构建上更容易实现,而在降低语言模型困惑度上得到的结果远没有基于神经网络的语言模型获得的结果好。

在语言模型中使用(浅层)前馈神经网络已经有很长的历史了,这种方法被称为神经网络语言模型(NNLM)。最近,在语言模型中使用了 DNN。语言模型抽取自然语言中的词语序列分布,并用其显著统计特性的函数来表示,给定前面出现的词,它可以计算下一个词的概率预测。为了降低维度灾难(curse of dimensionality)的影响,NNLM 利用神经网络的能力学习词的分布式表示。早期的 NNLM 使用前馈神经网络结构,按照下面的步骤进行计算:N 元文法 NNLM 使用先前固定长度的 $N-1$ 个词作为输入,每个词使用非常稀疏的 $1/V$ 标注进行编码,V 是词典的大小。使用在历史信息不同位置共享的投影矩阵,词的 $1/V$ 正交表示线性地投影到一个更低的维度空间。这种词语的连续空间、分布式表表达的方法叫作"词嵌入"(word embedding),这与常见的符号或者局部化表示很不同。通过投影层后,使用一个非线性激活函数的隐层,非线性函数可以是双曲正切函数或者逻辑 S 型函数。隐层之后是神经网络的输出层,输出节点的数量与完整词表的大小相同。神经网络训练后,输出层的激活就表示 N 元文法语言模型的概率分布。

NNLM 较传统的基于计数的 N 元文法语言模型的主要优势在于,历史信息不再严格的是先前 $N-1$ 个词,而是整个历史信息到某种低维空间上的投影。这降低了待训练模型的参数数量,并对相似的词序列历史进行自动聚类。与基于类别(class‑based)的 N 元文法语言模型相比所不同的是,NNLM 将所有的词投影到低维空间,这样就可以得到词之间更多维度上的相似度。另外,NNLM 与 N 元文法相比,计算复杂度更大。

下面我们从分布式表示的观点分析 NNLM 所具有的优势。符号的分布式表示是描述符号含义的特征向量,向量中的每一个元素都参与了符号含义的表示。有了 NNLM 之后,研究者们就可以将研究重点放在发现有意义的、连续实值的特征向量的学习算法上。基本的想法是,用一个连续实值的特征表示来关联词典里的每一个词,这在研究领域中被称为词嵌入。这样,每一个单词对应于特征空间里的一个点。可以认为空间里的每一维对应于词的一个语义或语法特征。我们期望的是,功能相似的词语在特征空间中离得更近(至少在某些维上是这样)。这样词序列就可以转化为学习到的特征向量序列。神经网络学习的是特征向量序列到序列中下一个词的概率分布的映射关系。LM 的分布式表示方法的优点在于其推广能力,它可以对不在训练词序列集合中的序列生成性能很好的分布式特征表示。这是因为神经网络能将相似的输入映射到相似的输出上,将具有相似特征词序列的预测映射到相似的预测上。

上述 NNLM 的思想已经在很多研究中得以运用,其中一些涉及了深层结构。NNLM 中分层结构输出的做法是为了处理大词汇表。语言模型使用瞬时因子化 RBM。与传统 N 元文法模型不同,因子化 RBM 不仅将上下文的词进行分布式表示,而且对待预测词进行了同样的处理。

另外一个使用基于神经网络语言模型的例子是使用递归神经网络(RNN)去构建大规模的语言模型,称为 RNNLM。对于语言模型来说,前馈结构和递归结构的主要区别是表示词历史的方法不同。对于前馈 NNLM 来说,历史词仍然只是前面若干个词。而对于 RNNLM 来说,在训练过程中可以从数据中学习到历史词的有效表示形式。RNN 的隐层表示前面所有的词历史,而不仅仅是前面 $N-1$ 个词,这样从理论上讲模型可以表征长时上下文模式。RNNLM 更重要的一个优点是能够表征同序列中更高级的模式,例如,依赖于在历史中可变位置出现的词语,这些模式就可以使用递归结构更有效地进行编码。也就是说,RNNLM 可以简单地在隐层状态上记忆一些特定的词,而前馈 NNLM 需要使用一些参数来表示词在历史词汇中的每一个特定位置。

在 RNN 的训练中,通过截断增长的梯度,RNNLM 训练获得了稳定性和快速收敛性。人们也开发了 RNNLM 的自适应算法,根据训练数据的相关性进行排序并且在处理测试数据时训练模型。经验性比较表明,RNNLM 与其他基于 N 元文法的流行方法相比,在困惑度上具有更好的效果。

RNNLM 使用的单位是字(character)而不是词。展示了很多有趣的性质,比如预测长时依赖(例如在段落中打左右引号)。然而,以字为单位而不以词为单位在实际的应用中的效果还不是很明确,因为在自然语言处理中,词仍然是一种强力的表示。在语言模型中,将词语变为字符可能会限制大多数实际应用场景,训练也会变得困难。目前,词级模型仍然保持着优势。

二、自然语言处理

多年以来,机器学习一直都是自然语言处理(NLP)的主要工具。然而在 NLP 中,机器学习的使用大多数都仅限于从文本数据中人为设计的表示(和特征)权重的数值优化。深度学习或表征学习的目的是自动从原始文本中学习能广泛适用于各种 NLP 任务的特征或表征。

基于深度学习方法的神经网络在很多 NLP 任务上都取得了不错的效果,比如语言模型、机器翻译、词性标注、命名实体识别、情感分析和复述检测

(paraphrase detection)。深度学习方法最吸引人的方面是它们能够出色地完成这些任务,而不用额外的人为设计的资源和耗时的特征工程。为此,深度学习开发和使用了一个重要的概念——嵌入(embedding),指用连续实值向量来表示自然语言文本中词级、短语级甚至是句子级的符号信息。

早期的一些工作已经凸显了词嵌入的重要性,虽然这起先只是语言模型的副产品。原始的基于符号的词表示可以通过神经网络从高维的 $1/V$ 编码稀疏向量转化为低维实值向量,由随后的神经网络层进行处理。连续空间表示词或者短语的主要优点是其分布特性,这可以对相同含义的词语表示进行共享或聚类。这种共享是不可能在用高维 $1/V$ 编码来表示词语的原始符号空间进行的。词的上下文为神经网络中的学习信号,并使用无监督学习方法进行训练。有一些研究工作提出了训练词嵌入的新方法,它们结合了局部或全局的上下文文档,可以更好地获取词的语义信息,同时通过学习每个词的不同嵌入方式,很好地解释了同音异义和一词多义现象。同样证明了 RNN 可以在词嵌入的训练中获得更好的性能。NNLM 的主要目的是预测上下文中的下一个词,并产生词嵌入这样的副产品,这是一种获得词嵌入更简单的方法,而且不用进行词预测。和 NNLM 中通常需要的规模庞大的输出节点不同,训练词嵌入的神经网络需要的输出节点要少得多。

现在对深度学习方法(包括神经网络结构和词嵌入)应用在实际 NLP 任务上的工作进行讨论。机器翻译是研究人员多年以来一直探索的一个典型的 NLP 任务,多年的研究集中在浅层统计模型上。这个工作或许是第一个全面的基于词嵌入的神经网络语言模型的成功应用,该工作针对大型机器翻译任务,可以在 GPU 上进行训练,解决了计算复杂度高的问题,可以在 20 小时内训练 5 亿个词。该工作获得了很好的结果:词嵌入神经网络语言模型与最好的回退语言模型(back - off LM)相比,困惑度从 71 下降到 60,对应的双语评估替补(Bilingual Evaluation Understudy,BLEU)分数提高了 1.8%。

将深度学习方法应用在机器翻译上的最近的研究工作。在该工作中,短语翻译模块(而不是机器翻译系统中的语言模型模块)被具有语义词嵌入的神经网络模型所替换。这种方法中的结构、成对的源短语和目标短语被映射到低维潜在语义空间的连续实值向量表示上。翻译分数可以通过在这个新的空间中的计算向量对的距离获得。通过两个深度神经网络进行映射,网络权重可以从平行训练语料训练得到。学习的目标是直接最大化端对端的机器翻译质量。在两个标准的 Europarl 翻译任务上(英语-法语和德语-英语)的实验评测结果表明,新的基于语义短语的翻译模型大大地提高了基于短语的统计机器翻译系统的性能,BLEU 分数提高了 1%。

早期应用基于 DBN 的深度学习技术解决机器音译（transliteration）问题的研究,这是一个比机器翻译简单得多的任务。这种深层结构及其学习应该可以推广到更困难的机器翻译问题上,但是目前还没有此类后续的工作。作为另外一个早期的 NLP 应用,应用 DNN（文献中称作 DBN）去处理基于自然语言的呼叫路由（call‐routing）任务。与随机初始化权重的神经网络相比,无监督特征使得 DBN 很少出现过拟合,无监督学习可以使多层神经网络的训练更容易。研究表明,与其他广泛应用的学习技术（如最大烃和基于 Boosting 的分类器）相比,DBN 可以获得更好的分类结果。

最后要介绍的是深度学习在 NLP 上一个成功的应用:索赫尔（Socher）提出的将递归生成模型应用于情感分析。在这里,情感分析是指通过一个算法从输入文本信息中推断积极或者消极的情绪。正如之前所讨论的,由神经网络获得的语义空间中的词嵌入很有用,但是很难用一种有原则的方法来表达长短语的含义。情感分析的输入通常是很多词和短语,嵌入模型需要组合（compositionality）属性。为了做到这一点,索赫尔等人提出递归神经张量网络,每一层的建立与神经张量网络模型一样。整个网络具有组合属性的递归的构建,依据了介绍的常规非张量网络。在一个精心设计的情感分析数据库上进行训练后,发现递归神经张量网络在多个指标上都比以前的方法要好。新模型将目前在单句上正/负情绪分类的精度从 80％提升到 85.4％。对所有短语预测的精细粒度的情感标签（fine‐grained accuracy labels）正确率达到了 80.7％,比特征袋（bag‐of‐features）基线系统提高了 9.7％。

第三节　目标识别与计算机视觉中的应用

一、无监督或生成特征学习

当有标签数据相对缺乏时,无监督学习算法可以体现其对于视觉特征层级结构的学习能力。事实上,基于有监督学习的 CNN 层级化结构已经在 2012 年的 ImageNet 比赛中获得巨大成功,而在这之前,计算机视觉领域对于深度学习的应用一直都仅限于以无监督学习为目的的特征提取。最早提出并证明可将无监督深度自编码方法应用于 DBN 模型预训练的是 Hinton 和 Salakhutdinoy,该方法在仅有 60 000 个训练样本的 MNIST 数据库上成功实现了图像的识别和降维（编码）任务。

有趣的是,关于编码效率,基于自编码的 DBN 相比于传统的主成分分析在图像数据上的性能提升与相比于传统矢量量化技术在语音数据上的提升情况非常相似。此外,Nair 和 Hinton 提出了一个改进的 DBN,该 DBN 的顶层使用了一个三阶的玻尔兹曼机。当这种 DBN 应用于 NORB 数据库(一个三维目标识别任务数据库)上时,其错误率几乎下降到了目前所公布的最低错误率,

这再次表明了 DBN 在很大程度上是优于类 SVM 这样的浅层模型的。随后,进一步提出了两种提高 DBN 鲁棒性的策略。首先,DBN 第一层的稀疏连接被用来作为一种模型正则化的手段;其次,通过一种基于概率的降噪算法来加以实现。当这两种技术同时作用时,可以有效提高当遮挡和随机噪声存在时图像识别的鲁棒性。同时,DBN 也被成功地应用于创建以检索为目的的图像含义表征方面,尤其是在大规模图像检索任务中,基于深度学习的方法同样获得了很好的效果。此外,使用时序化条件 DBN 来进行视频序列与人体运动合成的相关应用也有所报道。其中谈到的条件 RBM 和 DBN 是通过将 RBM 和 DBN 的权重与一个以前次数据处理为条件的定宽时间窗相关联,这类时序 DBN 及相关的递归网络提供了一种计算工具使得将 DBN‐HMM 模型演化为更加高效的 DBN 言语生成模型成为可能,而该模型集成了以时间为中心的言语生成机理。基于深度学习的方法种类很多,主要包括层级概率模型和生成式模型(神经网络等)。随机前馈神经网络是这类算法中开发并应用于面部表情数据库的一个最新典例,该模型既可以进行高效的学习又可以在输出空间产生一个类似于混合高斯模型的多模分布,而这是标准的、确定性的神经网络所无法做到的。

目前,无监督深度特征学习在计算机视觉领域研究中最值得关注的研究进展(先于最近 CNN 的大量使用)也许是一个结合了子采样和局部对比度归一化的九层局部相连的稀疏自编码器。该模型拥有多达 10 亿个连接,并且在含有近一千万张互联网的图像的数据集上进行训练。这种无监督的特征学习模型,允许系统在无需判断有标签训练样本是否含有人脸的情况下实现人脸检测。而且,控制实验进一步表明,这种特征检测器对于平移、尺度变化和平面外旋转都具有很好的鲁棒性。

无监督深度特征学习在计算机视觉领域中另一类比较流行的研究是基于深度稀疏编码的模型。相比于利用 CNN 结构进行有监督的特征学习和分类的方法,此类深度模型可以在 ImageNet 数据集上针对目标识别任务获得更高的准确率从而代表了当前该领域发展的最新水平,而具体内容也就是接下来所要讨论的。

二、有监督特征学习和分类

深度学习在目标识别中的最初应用可追溯到 20 世纪 90 年代早期所提出的卷积神经网络(CNN)。而基于 CNN 结构的有监督特征学习模式获得广泛关注

则开始于 2012 年 10 月 ImageNet 竞赛结果发表之后不久。这主要是由于大量的有标签数据及高性能 GPU 计算平台的出现使得大规模 CNN 的高效训练成为可能,从而实现目标识别精度的大幅度提升。与基于 DNN 的深度学习方法在处理一系列语音识别任务(包括音素识别、大词汇量语音识别、抗噪语音识别和多语种语音识别)的效果明显优于其他主流方法的情况相类似,基于 CNN 的深度学习方法也在一系列计算机视觉标准任务测试(包括类级别的目标识别、目标检测和语义分割)中表现出了同样的优势。

深度学习紧随其在语音识别中所获得的巨大成功,它也使得计算机视觉领域的相关研究取得了长足发展。正是基于深度 CNN 结构的有监督学习样式及其相关分类技术才能造成如此巨大的影响力,这尤其体现在 2012—2013 年的 ImageNet 比赛中的那些最新方法上。这些方法不仅可以用于目标识别,同样还可以应用于其他一些计算机视觉的任务中。当然,一些有关 CNN 的深度学习方法之所以能够成功的原因以及局限性的争论依然存在,依然还有很多问题值得探讨,例如怎样定制这些方法使得它们能够应用于一些特定的计算机视觉任务以及如何增大模型和训练数据规模等。目前,在拥有充足训练数据的条件下,这些方法在目标识别中的表现还不能与有监督学习相提并论。但是,如果想要实现计算机视觉领域的长期发展以及最后的成功,无监督学习则显得更为必要。因此,要实现这一目标,许多无监督特征学习和深度学习中存在的问题依然需要开展更多的研究来加以解决。

三、多模态和多任务学习中的典型应用

多任务学习(multitask learning)是机器学习的一种方法,它是指在同一时间用同一种共享的表示来学习和解决一些相关问题的方法。它可以看作是迁移学习(transfer learning)或者知识迁移学习的两大主要类别之一,研究重点是分布、领域或者任务上的泛化。另一种主要的迁移学习叫作适应性学习(adaptive learning),在这类学习中,知识迁移是以一定顺序进行的,从源任务到目标任务的迁移是其中的一个代表。多模态(multi-modal)学习与多任务学习是紧密相关的,这些学习领域或任务涵盖了人机交互的多个模态或者包含兼有文本、语音、触感和视觉信息资源的其他应用。

深度学习的本质是自动地发掘任意一种机器学习任务中有效的特征或表示,其中包括从一个任务到另一个任务即时的知识转移。多任务学习通常用于目标任务领域训练数据匮乏的情况,因此有时也称之为零样本(zero-shot)或单样本(one-shot)学习。很明显,复杂的多任务学习很符合深度学习或者表示学习的要求。在资源匮乏的机器学习场景中,共享的表示以及任务中(包括语音、

图像、触感和文本等不同模态的任务)所使用的统计方法的力量将会体现得淋漓尽致。

(一)多模态:文本和图像

文本和图像可以进行多模态学习的根本原因是它们在语义层面是相互联系的。可以通过对图像进行文本标注来建立二者之间的关系(作为文本和图像多模态学习系统的训练数据)。如果相互关联的文本和图像在同一语义空间共享同一表示,那么系统可以推广到不可见(unseen)的情况;不管是文本还是图像缺失,都可以用共享的表示去填补缺失的信息,因此可以自然地应用于图像或文本的零样本学习。换言之,多模态学习可以使用文本信息来帮助图像/视觉识别,反之亦然。当然,这个领域的绝大多数研究集中在通过文本信息来进行图像/视觉识别中。

早期的 WSABIE 系统,用浅层结构来训练图像和标注之间的联合嵌入向量模型。WSABIE 使用简单的图像特征和线性映射实现联合嵌入向量空间,并非在 DeViSE 中利用深层结构来得到高度非线性的图像(文本向量也一样)特征向量。这样,每一个可能的标签都对应一个向量。因此,相比 DeViSE 来说,WSABIE 不能泛化新的类别。

对比 DeViSE 架构以及 DSSM 体系结构,我们会看到一些很有意思的不同点。DSSM 中的"查询"和"文档"分支类似于 DeViSE 中的"图像"和"文本-标注"分支。为了训练端对端的网络权重,DeViSE 和 DSSM 所采用的目标函数都是和向量间余弦距离相关的。一个关键的不同点在于 DSSM 的两个输入集都是文本(例如,为信息检索设计的"查询"和"文档"),因此,相比 DeViSE 中从一个模态(图像)到另一个模态(文本)而言,DSSM 中将"查询"和"文档"映射到同一语义空间在概念上显得更加直接。而另外一个关键的区别在于 DeViSE 对未知图像类别的泛化能力来源于许多无监督文本资源的文本向量(即没有对应的图像),这些资源包含未知图像类别的文本标注。而 DSSM 对于未知单词的泛化能力来源于一种特殊的编码策略,这种策略依据单词的不同字母组合来进行编码。

最近,有一种方法受到 DeViSE 架构的启发,即通过对文本标注和图像类别的向量进行凸组合来将图像映射到一个语义向量空间。这种方法和 DeViSE 的主要区别在于,DeViSE 用一个线性的转换层代替最后激活函数为 softmax 的卷积神经网络图像分类器。新的转换层进而和卷积神经网络的较低层一起训练。有一种方法更为简单——保留卷积神经网络 softmax 层而不对卷积神经网络进行训练。对于测试图像,卷积神经网络首先产生 N 个最佳候选项。然后,

计算这 N 个向量在语义空间的凸组合,即得到 softmax 分类器的输出到向量空间的确定性转化。这种简单的多模态学习方法在 ImageNet 的零样本学习任务上效果很好。

(二)多模态:语音和图像

用深度生成式架构来进行多模态学习的方法是基于非概率的自编码器,然而近来在相同的多模态应用中也出现了基于深度玻尔兹曼机(DBM)的概率型自编码器。一个 DBM 用来提取整合了不同模态的统一表示,这一表示对分类和信息检索任务来说都是很有帮助的。与为了表示多模态输入而在深度自编码器中采用的瓶颈层不同的是,这里首先在多模态输入的联合空间中定义一个概率密度,然后用定义的潜在变量的状态作为表示。DBM 的概率公式在传统的深度自编码器中是没有的,因此这里概率形式的优势在于丢失的模态信息可以通过从它的条件概率中采样来弥补。最近自编码器的许多工作表明,推广的降噪自编码器的采样能力使得填补缺失模态信息的问题看到了曙光。对于包含图像和文本的双模态数据,研究表明,多模态 DBM 比传统的深度多模态自编码器以及在分类和信息检索任务中的多模态 DBN 效果稍好。目前与推广的深度自编码器还没有比较的结果,但是相信结果很快就会出来。

多模态处理以及学习的若干架构可以看作是多任务学习(multi - task learning)和转化学习(transler learning)。多任务学习,指的是一种学习架构或技术,可以发掘不同学习任务中隐藏的共同的解释性因素。这种方式允许不同的输入数据集进行一定的共享,因此是允许在看似不同的学习任务中进行知识传递的。

(三)在语音、自然语言处理或者图像领域的多任务学习

在语音领域中,最有意思的多任务学习应用当属多语种或者交叉语种的语音识别,不同语言的语音识别被当作不同的任务。为了解决语音识别中非常有挑战性的声学建模问题,已经出现各种各样的方法。然而出于经济层面的考虑,构建全世界所有语种的语音识别系统,瓶颈在于缺乏标准的语音数据。对于高斯混合模型——隐马尔可夫模型(GMM - HMM)系统而言,交叉语种的数据共享以及数据加权是最普遍且行之有效的方法。GMM - HMM 中另一种成功的方法是通过基于知识或者数据驱动方法来完成跨语言的发音单元映射。但是这些方法的效果是远不如深度神经网络——隐马尔可夫模型(DNN - HMM)的。

将音素识别和词识别当作是两个单独的任务。音素识别的结果往往被用于口语文本检索中语种类型的鉴别,而不是用于产生文本输出。音素识别的结果

不是用来产生文本输出，而是用来做语种辨识或者语音文档检索。进而，在几乎所有语音系统中发音词典的使用可以看作是共享音素识别和单词识别任务的多任务学习。更多先进的语音识别的框架已经将这个方向推得更远。这些框架使用比音素更好的单元，从分层的语言结构中完成原始语音的声学信息到语义内容的过渡。

深度学习在图像/视觉领域单模态的多任务学习上也是非常有效的。斯里瓦斯塔瓦（Srivastava）和萨拉赫丁诺夫（Salakhutdinov）等人提出了应用在不同图像分类数据集上的一个 DNN 系统，这一系统是基于分层贝叶斯先验的多任务学习系统。深度神经网络和先验结合在一起，通过任务之间信息的共享和在知识转移中发现相似的类别，提高了判别学习的性能。具体来说，他们提出了一个联合学习图像分类和层次类别的方法，比如对那些训练样本相对少的"缺乏数据类别"，可以从相似且拥有较多训练数据的"数据丰富类别"中获得帮助。这个工作可以看作是学习输出表示很好的例子，这个例子和学习输入表示都是目前所有深度学习研究中所关注的。

第八章 云计算时代的大数据安全

第一节 大数据安全面临的挑战

一、云计算时代安全与隐私问题凸显

随着数据中心不断整合以及虚拟化、VDI、云端运算应用程序的兴起,越来越多的运算效能与数据都集中到数据中心和服务器上。不论是个人将信息存储在云盘、邮箱,还是企业将数据存储在云端或使用云计算服务,都需要安全保护,安全和隐私问题可以说是云计算和大数据时代面临的最严峻的挑战。在互联网数据中心(Internet Data Center,IDC)的一项关于人们认为云计算模式的挑战和问题是什么的调查中,安全以 74.6% 的比例位居榜首,全球 51% 的首席信息官认为安全问题是部署云计算时最大的顾虑。云计算的日益普及已经使越来越多的云计算服务商进入市场,随着在云计算环境中存储数据的公司越来越多,信息安全问题成为大多数 IT 专业人士最头疼的事情。事实上,数据安全已经是考虑采用云基础设施的机构主要关注的问题之一。

大数据由于数据集中、目标大,在网络上更容易被盯上。在线数据越来越多,黑客们的犯罪动机也比以往任何时候更强烈。大数据意味着若攻击者成功实施一次攻击,其能得到更多的信息和价值。这些特点都使大数据更容易成为被攻击的目标。

在网络信息安全方面,公民的隐私泄露事件也层出不穷,这些泄露大部分是黑客攻击企业数据库造成的。据隐私专业公司 PRC(Privacy Rights Clearing house)报告称,按保守估计,2011—2020 年全球发生了超过 3 000 起重大数字安全事故。例如:索尼公司由于系统泄露导致 7 700 万名用户资料遭窃,遭受了 1.7 亿美元左右的损失;CSDN 的安全系统遭到黑客攻击,600 万名用户的登录名、密码和邮箱遭到泄露;Linkedln 被曝 650 万名用户账户密码泄露;雅虎遭到网络攻击,致使 45 万名用户 ID 泄露;等等。另外一些隐私泄露是因为企业产品功能不完善无意造成的。比如,几年前,腾讯 QQ 曾经推出朋友圈功能,很多用户的真实名字出现在朋友圈中,引起了用户的强烈抗议,最后腾讯关闭了这一功

能。腾讯 QQ 用户真实姓名能在朋友圈中曝光,就是采用了大数据关联分析。由此可见,在大数据搜集和数据分析过程中,随时可能触及用户的隐私,一旦某一环节存在安全隐患,后果不堪设想。

还有一些是用户个人不注意造成的隐私泄露。比如,有些用户喜欢在 Twitter 等社交网站上发布自己的位置和动态信息,有几家网站,如"Please RobMe.com""We Know Your House"等,能够根据用户所发的信息,推测出用户不在家的时间,找到用户准确的家庭地址,甚至找出房子的照片。这些网站的做法旨在提醒大家,人们随时暴露在公众视野下,如果不培养安全意识和隐私意识,将会给自身带来灾难。

大数据可以光明正大地搜集用户数据,并可以对用户数据进行分析,这无疑让用户隐私没有任何保障。大数据技术是一项新兴的技术,全球很多国家都没有对大数据采集、分析环节进行相应的监管。在没有标准和相应监管措施的情况下,大数据泄露事件频繁发生,已经暴露出大数据时代用户隐私安全的尖锐问题。

当然,强调安全和隐私问题,并不是要因噎废食。正如当今的银行系统,同样存在安全隐患和随时被网络攻击的风险,但是大多数人还是选择把钱存在银行,因为银行的服务为我们提供了便利,同时在绝大多数情况下还是具备安全保障的。因此需要在高效利用云计算和大数据技术的同时,增强安全隐私意识,加强安全防护手段,明确数据归属及访问权限,完善数据与隐私方面的法规政策等,扎实做好全方位的安全隐私防护,让新技术更好地为生活服务。

二、大数据时代的安全需求

在大数据条件下,越来越多的信息存储在云端,越来越多的服务来自云端,基于公有云平台的网络信息交互环境带来了与传统条件下不同的安全需求。

(一)机密性

为了保护数据的隐私,数据在云端应该以密文形式存放,但是如果操作不能在密文上进行,那么用户的任何操作都要把涉及的数据密文发送回用户方解密之后再进行,将会严重降低效率,因此要以尽可能小的计算开销带来可靠的数据机密性。实现机密性的要求有以下几种情况:一是为了保护用户行为信息的隐私,云服务器要保证用户匿名使用云资源和安全记录数据起源;二是在某些应用情况下,服务器需要在用户数据上面进行运算,而运算结果也以密文形式返回给用户,因此需要使服务器能够在密文上面直接进行操作;三是信息检索是云计算中一个很常用的操作,因此支持搜索的加密是云安全的一个重要需求,但当前已有的支持搜索的加密只支持单关键字搜索,所以支持多关键字搜索、搜索结果排序和模糊搜索是云计算的另一需求方向。

(二)数据完整性

在基于云的存储服务,如 Amazon 简单存储服务 S3、Amazon 弹性块存储 EBS,以及 Nirvanix 云存储服务中,要保证数据存储的完整性。在云存储条件下,因为可能面临软件失效或硬件损坏导致的数据丢失、云中其他用户的恶意损坏、服务商为经济利益擅自删除一些不常用数据等情况,用户无法完全相信云服务器会对自己的数据进行完整性保护,所以用户需要对其数据的完整性进行验证,这就需要系统提供远程数据完整性验证和数据恢复功能。

(三)访问控制

云计算中要阻止非法的用户对其他用户的资源和数据的访问,细粒度地控制合法用户的访问权限,因此云服务器需要对用户的访问行为进行有效的验证。其访问控制需求主要包括以下两个方面:一是网络访问控制,指云基础设施中主机之间互相访问的控制;二是数据访问控制,指云端存储的用户数据的访问控制。数据的访问控制中要保证对用户撤销操作、用户动态加入和用户操作可审计等要求的支持。

(四)身份认证

云计算系统应建立统一、集中的认证和授权系统,以满足云计算多租户环境下复杂的用户权限策略管理和海量访问认证要求,提高云计算系统身份管理和认证的安全性。现有的身份认证技术主要包括三类:一是基于用户持有的秘密口令的认证;二是基于用户持有的硬件(如智能卡、U 盾等)的认证;三是基于用户生物特征(如指纹)的认证。但是这些方法都是通过某一维度的特征进行认证的,对重要的隐私信息和商业机密来讲安全性仍不够强。最新提出的层次化的身份认证在多个云之间实现层次化的身份管理,多因子身份认证从多重特征上对客户进行认证,都是身份认证技术的新需求。

(五)可信性

虚拟空间用户与云服务商之间在相互信任的基础上达成协议进行服务,可信性是云计算健康发展的基本保证,也是基本需求,具体包括服务商和用户的可信性两个方面。服务商可信是指其向其他服务商或者用户提供的服务必须是可信的,而不是恶意的。用户可信是指用户采用正常、合法的方式访问服务商提供的服务,用户的行为不会对服务商本身造成破坏。如何实现云计算的问责功能,通过记录操作信息等手段实现对恶意操作的追踪和问责,如何通过可信计算、安全启动、云端网关等技术手段构建可信的云计算平台,达到云计算的可信性,都是可信性方面需要研究的问题。

(六)防火墙配置安全性

在基础设施云中的虚拟机需要进行通信,这些通信分为虚拟机之间的通信和虚拟机与外部的通信两种。通信的控制可以通过防火墙来实现,因此防火墙的配置安全性非常重要。如果防火墙配置出现问题,那么攻击者很可能利用一个未被正确配置的端口对虚拟机进行攻击。因此,在云计算中,需要设计对虚拟机防火墙配置安全性进行审查的算法。

(七)虚拟机安全性

虚拟机技术在构建云服务架构等方面广泛应用,但与此同时,虚拟机也面临着两方面的安全性,一方面是虚拟机监督程序的安全性,另一方面是虚拟机镜像的安全性。在以虚拟化为支撑技术的基础设施云中,虚拟机监督程序是每台物理机上的最高权限软件,因此其安全的重要性毋庸置疑。另外,在使用第三方发布的虚拟机镜像的情况下,虚拟机镜像中是否包含恶意软件、盗版软件等,也是需要进行检测的。

三、信息安全的发展历程

广义的信息安全涉及各种情报、商业机密、个人隐私等,在各行各业都早已存在。具体到计算机通信领域的信息安全,则是最近几十年随着电子信息技术的发展而兴起的。信息安全的发展大致经历了四个时期。

(一)通信安全时期

通信安全时期的主要标志是1949年香农发表的《保密通信的信息理论》。在这个时期,通信技术还不发达,电脑只是零散地位于不同的地点,信息系统的安全仅限于保证电脑的物理安全,以及通过密码(主要是序列密码)解决通信安全的保密问题。把电脑安置在相对安全的地点,不允许非授权用户接近,就基本可以保证数据的安全性。这个时期的安全性是指信息的保密性,对安全理论和技术的研究也仅限于密码学。这一阶段的信息安全可以简称为通信安全,侧重保证数据从一地传送到另一地时的安全性。

(二)计算机安全时期

计算机安全时期的标志是 20 世纪七八十年代的可信计算机系统评价准则(TCSEC)。20 世纪 60 年代以后,半导体和集成电路技术的飞速发展推动了计算机软、硬件的发展,计算机和网络技术的应用进入实用化和规模化阶段,数据的传输已经可以通过计算机网络来完成。这时候的信息已经分成静态信息和动态信息,人们对安全的关注已经逐渐扩展为以保密性、完整性和可用性为目标的信息安全阶段,主要保证动态信息在传输过程中不被窃取,即使窃取了也不能读出正确的信息,还要保证数据在传输过程中不被篡改,让读取信息的人能够看到正确无误的信息。1977 年美国国家标准局(NBS)公布的《国家数据加密标准》(DES)和 1983 年美国国防部公布的《可信计算机系统评价准则》(*Trusted Computer System Evaluation Criteria*,TCSEC,俗称橘皮书,1985 年再版)标志着解决计算机信息系统保密性问题的研究和应用迈上了历史的新台阶。

(三)20 世纪 90 年代的网络时代

从 20 世纪 90 年代开始,由于互联网技术的飞速发展,无论是企业内部信息还是外部信息都得到了极大的开放,由此产生的信息安全问题跨越了时间和空间,信息安全的焦点已经从传统的保密性、完整性和可用性三个原则发展为诸如可控性、抗抵赖性、真实性等其他的原则和目标。

(四)信息安全保障时代

21 世纪的信息安全保障时代,其主要标志是《信息保障技术框架》(IATF)。如果说对信息的保护主要还是处于从传统安全理念到信息化安全理念的转变过程中,那么面向业务的安全保障就完全是从信息化的角度来考虑信息的安全了。体系性的安全保障理念不仅关注系统的漏洞,而且从业务的生命周期着手,对业务流程进行分析,找出流程中的关键控制点,从安全事件出现的前、中、后三个阶段进行安全保障。面向业务的安全保障不是只建立防护屏障,而是建立一个深度防御体系,通过更多的技术手段把安全管理与技术防护联系起来,不再是被动地保护自己,而是主动地防御攻击。也就是说,面向业务的安全防护已经从被动走向主动,安全保障理念从风险承受模式走向安全保障模式,信息安全阶段也转化为从整体角度考虑其体系建设的信息安全保障时代。

四、新兴信息技术带来的安全挑战

物联网、云计算、大数据和移动互联网被称为新一代信息技术的"四驾马车"，它们提供了科技发展的核心动力，在给政府、企业、社会和人民带来极大便利的同时，也催生了不同以往的安全问题和威胁。在传统的安全防护体系中，防火墙起着至关重要的作用。防火墙是一种形象的说法，其实它是一种计算机硬件和软件的组合，在内部网络与外部网络之间建立一个安全网关，从而保护内部网络免受外部非法用户的侵入。然而在云计算时代，公有云是为多租户服务的，很多不同用户的应用都运行在同一个云数据中心内，这就打破了传统的安全体系中的内外之分。企业和用户不仅要防范来自数据中心外部的攻击，还要提防云服务的提供商，以及潜藏在云数据中心内部的其他别有用心的用户，形象地说就是"家贼难防"。这就使用户与云服务商的信任关系的建立、管理和维护更加困难，同时对用户的服务授权和访问控制也变得更加复杂。

总体来说，在业界得到广泛认可的安全风险主要包括以下 8 种类型。

(一)滥用和非法使用云计算

云计算的一大特征是自助服务，在方便用户的同时，也给了黑客等不法分子机会，他们可以利用云服务简单方便的注册步骤和相对较弱的身份审查要求，用虚假的或盗取的信息注册，冒充正常用户，然后通过云模式的强大计算能力，向其他目标发起各种各样的攻击。攻击者还可以从云中对很多重要的领域开展直接的破坏活动，比如，垃圾邮件的制作传播，用户密钥的分布式破解，网站的分布式拒绝服务攻击，反动、黄色和钓鱼欺诈等不良信息的云缓冲，以及僵尸网络的命令和控制等。

(二)恶意的内部人员

所有的 IT 服务，无论是运行在云中的系统还是内部网，都有受到内部人员破坏的风险。内部人员可以单独行动或勾结他人，利用访问特权进行恶意的或非法的危害他人的行动。内部人员搞破坏的原因是多种多样的，比如，为了某件事进行报复，发泄他们心中对社会的不满，或者为了物质上的利益。

在云计算时代，这种威胁对消费者来说大大增加了。首先，由于云服务商一般拥有大量企业用户，雇佣的 IT 管理人员数量比单独一个企业的 IT 管理人员多得多。其次，云计算也是 IT 服务外包的一种形式，所以也继承了外包服务商的恶意内部人员风险。因此，云计算中的监管不仅在操作上更困难，而且风险也是个未知数。

(三)不安全的应用编程接口

云服务商一般都会为用户提供应用程序接口(API)，让用户使用、管理和扩展自己的云资源。云服务的流程都要用到这些 API，比如，创建虚拟机、管理资源、协调服务、监控应用等。大量的 API 多多少少都会有安全漏洞，有些属于设计缺陷，有些属于代码缺陷。黑客利用软件漏洞，就可以攻击任何用户。

(四)身份或服务账户劫持

身份或服务账户劫持是指在用户不知情或没有批准的情况下，他人恶意地取代用户的身份或劫持其账户。账户劫持的方法包括网络钓鱼、欺骗和利用软件漏洞持续攻击等。

在云时代，这类威胁也变得更严重。云服务不同于传统的企业，它没有广泛的基于角色或团体接入的权限隔离，通常身份密码被重复使用在很多站点和服务上，同样的内部账户被用于管理软件系统、管理服务器和追踪账单。更加糟糕的是，账户经常在不同用户间共享。不管对用户还是管理员，大多数云服务缺乏基础设施和流程去实现强验证。

一旦攻击者获取了用户的身份密码，他们就可以窃听用户的活动和交易，获取和操控数据，发布错误的信息，并将客户导向非法站点。客户的账户或服务还可能变成攻击者的新基地，他们从这里冒用受害者的名义和影响力再去发动新的攻击，他们还可以强制让账户所有者支付无用的 CPU 时间、存储空间或其他被计量付费的资源。

(五)资源隔离问题

通过共享基础设施和平台，基础设施即服务(Infrastructure as a Service, IaaS)和平台即服务(Platform as a Service, PaaS)服务商可以以一种可扩展的方式交付他们的服务，这种多租户的体系结构、基础设施或平台的底层技术通常没有设计强隔离。资源虚拟化支持将不同租户的虚拟资源部署在相同的物理资源上，这也方便了恶意用户借助共享资源实施侧通道攻击。攻击者可以攻击其他云客户的应用和操作，或者获取没有进行授权访问的数据。取得管理员角色是一个更严重的潜在危险，虚拟机一般对物理机很难设防，通过物理机管理员角色可以配置命令和控制恶意软件来侵入其他用户的虚拟机。

(六)数据丢失和泄露

随着 IT 的云转型，敏感数据正在从企业内部数据中心向公有云环境转移，伴随着优点而来的是缺点，那就是云计算的安全隐私问题。云策略和数据中心虚拟化使防卫保护的现实变得更加复杂，数据被盗或被泄露的威胁在云中大大增加。数据被盗和隐私泄露可以对企业和个人产生毁灭性的影响，除了对云服务商品牌和名声造成损害外,还可能导致关键知识的损失,产生竞争力的下降和财产方面的损失。此外,丢失或泄露的数据可能会遭到破坏和滥用,甚至引起各种法律纠纷。

(七)商业模式变化风险

云计算的一个宗旨是减少用户对硬件和软件的维护工作,使他们可以将精力集中于自己的核心业务。云计算固然有明显的财政和操作方面的优势,但云服务商必须解除用户对安全的担忧。当用户评估云服务的安全状态时,软件的版本、代码的更新、安全规则、漏洞状态、入侵尝试和安全设计都是重要的影响因素。除了网络入侵日志和其他记录,谁与自己分享基础架构的信息也是用户要知道的。

(八)对企业内部网的攻击

很多企业用户将混合云作为一种减少公有云中风险的方式。混合云是指混合地使用公有云和企业内部网络资源(或私有云)。在这种方案中,客户通常把网页前台移到公有云中,而把后台数据库留在内部网络中。在云和内部网络之间,一个虚拟或专用的网络通道被建立起来,这就开启了对企业内部网络攻击的机会,导致本来被安全边界和防火墙保护的企业内部网络随时可能受到来自云的攻击。但如果这一通道关闭,由混合云支持的业务将被停止,会给企业带来重大的财产损失。

这里还要特别提到个人设备安全管理。随着移动互联网和大数据的快速发展,移动设备的应用也在不断增长。随着 BYOD(携带自己的设备办公)风潮的普及,许多企业开始考虑允许员工自带智能设备使用企业内部应用,其目的是在满足员工自身追求新科技和个性化的同时,提高工作效率,降低企业成本。然而,这样做带来的风险也是很大的,员工带着自己的设备连接企业网络,就可能让各种木马病毒或恶意软件到处传播,造成安全隐患。

第二节 安全问题处理技术

云计算和大数据的新商业模式和技术架构在带给人们更多经济、方便、快捷、智能化体验的同时,也给信息安全和个人隐私带来了全新的威胁。要促进云计算和大数据技术的健康发展,就必须直面安全和隐私问题,而这需要大量的实践研究工作。同时,云计算安全并不仅仅是技术问题,还涉及标准化、监管模式、法律法规等诸多方面。因此,仅从技术角度出发探索解决云计算安全问题是不够的,还需要信息安全学术界、产业界以及政府相关部门的共同努力。

一、云计算安全防护框架

解决云计算安全问题的当务之急是针对威胁,建立综合性的云计算安全防护框架,并积极开展其中各个云安全的关键技术研究。遵循共同的安全防护框架是为了消除广大用户(特别是政府和企业)所承担的风险,明确各机构的义务,避免漏洞,实现完整有效的安全防护措施。当前业界知名的防护框架有美国国家技术标准局(NIST)防护框架、CSA 防护框架等。

(一)NIST 防护框架涵盖的领域

治理(Governance):各机构在应用开发和服务提供中采用的现有良好实践措施需要延伸到云中。这些实践要继续遵从机构相应的政策、程序和标准,用于在云中的设计、实施、测试、部署和监测。审计机制和工具要到位,以确保机构的实践措施在整个系统的生命周期内都有效。

合规(Compliance):用户要了解各类和安全隐私相关的法律、规章制度以及自己机构的义务,特别是那些涉及存放位置的数据、隐私和安全控制及电子证据发现的要求。用户要审查和评估云服务提供商的产品,并确保合同条款充分满足法规要求。

信任(Trust):安全和隐私保护措施(包括能见度)需要纳入云计算服务合同中,并建立具有足够灵活性的风险管理制度,以适应不断发展变化的风险状况。

架构(Architecture):用户要了解云服务提供商的底层技术和管理技术,包括设计安全的技术控制和对隐私的影响,了解系统完整的生命周期及其系统组件。

身份和访问管理(Identity and Access Management):云服务提供商要确保有足够的保障措施,能够安全地实行认证、授权和提供其他身份及访问管理功能。

软件隔离(Software Isolation):用户要了解云服务提供商采用的虚拟化和其他软件隔离技术,并评估所涉及的风险。

数据保护(Data Protection):用户要评估云服务提供商的数据管理解决方案的适用性,确定能否消除托管数据的顾虑。

可用性(Availability):云服务提供商要确保在中期或长期中断或严重的灾难时,关键运营操作可以立即恢复,最终所有运营操作都能够及时、有条理地恢复。

应急响应(Incident Response):用户要向云服务提供商了解和洽谈合同中

涉及事件应急响应和处理的程序，以满足自己组织的要求。

(二)CSA 防护框架涉及的领域

合规(Compliance)：见 NIST 同名领域。

数据治理(Data Governance)：见 NIST 同名领域。

设施安全(Facility Security)：云数据中心的物理安全。

人事安全(Human Resources Security)：包括云服务商员工的聘用合同及备件调查等。

信息安全(Information Security)：信息技术安全防护控制。

法律(Legal)：云服务应遵守的各国法律法规等。

运营管理(Operations Management)：云服务商系统及员工的运营管理和监控。

风险管理(Risk Management)：包括云计算的风险识别、评估和管理。

发布管理(Release Management)：服务发布和改变的管理。

恢复性(Resiliency)：包括对事故和灾难的恢复能力。

安全架构(Security Architecture)：云计算的安全设计。

在业界提出的这些防护框架的基础上，有人提出了一种包括云计算安全服务体系与云计算安全标准及测评体系两大部分的云安全框架建议。

(三)云计算安全服务体系

云计算安全服务体系由一系列云安全服务构成，是实现云用户安全目标的重要技术手段。根据其所属层次的不同，云安全服务可以进一步分为云基础设施服务、云安全基础服务以及云安全应用服务 3 类。

1. 云基础设施服务

云基础设施服务为上层云应用提供安全的数据存储、计算等 IT 资源服务，是整个云计算体系安全的基石。这里，安全性包含两个层面的含义：一是抵挡来自外部黑客的安全攻击的能力，二是证明自己无法破坏用户数据与应用的能力。一方面，云平台应分析传统计算平台面临的安全问题，采取严密的安全措施。例如，在物理层考虑厂房安全，在存储层考虑完整性和文件/日志管理、数据加密、备份、灾难恢复等，在网络层考虑拒绝服务攻击、DNS 安全、网络可达性、数据传输机密性等，系统层应涵盖虚拟机安全、补丁管理、系统用户身份管理等安全问题，数据层包括数据库安全、数据的隐私性与访问控制、数据备份与清洁等，应用层应考虑程序完整性检验与漏洞管理等。另一方面，云平台应向用户证明自己具备某种程度的数据隐私保护能力。例如，存储服务中证明用户数据以密态形式保存,计算服务中证明用户代码运行在受保护的内存中,等等。由于用户安全需求方面存在差异,云平台应具备提供不同安全等级的云基础设施服务的能力。

2.云安全基础服务

云安全基础服务属于云基础软件服务层,为各类云应用提供共性信息安全服务,是支撑云应用满足用户安全目标的重要手段。其中比较典型的云安全基础服务包括以下几种。

第一,云用户身份管理服务。主要涉及身份的供应、注销以及身份认证过程。在云环境下,实现身份联合和单点登录可以支持云中合作企业之间更方便地共享用户身份信息和认证服务,并减少重复认证带来的运行开销。但云身份联合管理过程应在保证用户数字身份隐私性的前提下进行,由于数字身份信息可能在多个组织间共享,其生命周期各个阶段的安全性管理更具有挑战性,而基于联合身份的认证过程在云计算环境下也具有更高的安全需求。

第二,云访问控制服务。云访问控制服务的实现依赖妥善地将传统的访问控制模型(如基于角色的访问控制模型、基于属性的访问控制模型以及强制/自主访问控制模型等)和各种授权策略语言标准(如 XACML、SAML 等)扩展后移植入云环境。此外,鉴于云中各企业组织提供的资源服务兼容性和可组合性的日益提高,组合授权问题也是云访问控制服务安全框架需要考虑的重要问题。

第三,云审计服务。由于用户缺乏安全管理与举证能力,要明确安全事故责任,就要求服务商提供必要的支持。因此,由第三方实施的审计就显得尤为重要。云审计服务必须提供满足审计事件列表的所有证据以及证据的可信度说明。当然,若要该证据不会披露其他用户的信息,则需要特殊设计的数据取证方法。此外,云审计服务也是保证云服务商满足各种合规性要求的重要方式。

第四,云密码服务。由于云用户中普遍存在数据加、解密运算需求,云密码服务的出现也是十分自然的。除最典型的加、解密算法服务外,密码运算中密钥管理与分发、证书管理及分发等都以基础类云安全服务的形式存在。云密码服务不仅为用户简化了密码模块的设计与实施,也使密码技术的使用更集中、规范,更易管理。

3.云安全应用服务

云安全应用服务与用户的需求紧密结合,种类繁多。典型的例子如 DDoS 攻击防护云服务、Botnet 检测与监控云服务、云网页过滤与杀毒应用、内容安全云服务、安全事件监控与预警云服务、云垃圾邮件过滤及防治等。传统网络安全技术在防御能力、响应速度、系统规模等方面存在限制,难以满足日益复杂的安全需求,而云计算优势可以极大地弥补上述不足。云计算提供的超大规模计算能力与海量存储能力,能在安全事件采集、关联分析、病毒防范等方面实现性能的大幅提升,可用于构建超大规模安全事件信息处理平台,提升全网安全态势把握能力。此外,还可以通过海量终端的分布式处理能力进行安全事件采集,上传到云安全中心分析,极大地提高了安全事件搜集与及时处理的能力。

(四)云计算安全标准及测评体系

云计算安全标准及测评体系为云计算安全服务体系提供了重要的技术与管理支撑,其核心至少应涵盖以下几方面内容。

1.云服务安全目标的定义、度量及其测评方法规范

该规范帮助云用户清晰地表达其安全需求,并量化其所属资产各安全属性指标。清晰而无二义的安全目标是解决服务安全质量争议的基础,这些安全指标具有可测量性,可通过指定测评机构或者第三方实验室测试评估。规范还应指定相应的测评方法,通过具体操作步骤检验服务提供商对用户安全目标的满足程度。由于在云计算中存在多级服务委托关系,相关测评方法仍有待探索实现。

2.云安全服务功能及其符合性测试方法规范

该规范定义基础性的云安全服务,如云身份管理、云访问控制、云审计以及云密码服务等的主要功能与性能指标,便于使用者在选择时对比分析。该规范将起到与当前信息技术安全性评估标准(The Common Criteria for Information Technology security Evaluation,CC)中的保护轮廓(PP)与安全目标(ST)类似的作用,判断某个服务商是否满足其所声称的安全功能标准需要通过安全测评,需要与之相配合的符合性测试方法与规范。

3.云服务安全等级划分及测评规范

该规范通过云服务的安全等级划分与评定,帮助用户全面了解服务的可信程度,更加准确地选择自己所需的服务,尤其是底层的云基础设施服务以及云基础软件服务,其安全等级评定的意义尤为突出。同样,验证服务是否达到某安全等级需要相应的测评方法和标准化程序。

二、基础云安全防护关键技术

建立完善的云安全防护框架可以从顶层设计上实现安全防护的全方位、无漏洞,要实现云安全防护,关键还是要有针对性地进行相关技术的研究。对于网络攻击,传统的网络安全和应用安全防护手段如身份认证、防火墙、入侵监测、漏洞扫描等仍然适合。

(一)可信访问控制

由于无法信赖服务商忠实实施用户定义的访问控制策略,所以在云计算模式下,人们更关心的是如何通过非传统访问控制类手段实施数据对象的访问控制。其中得到关注最多的是基于密码学方法实现访问控制,包括基于层次密钥生成与分配策略实施访问控制的方法,利用基于属性的加密算法,如密钥规则的基于属性加密方案(KP‐ABE),或密文规则的基于属性加密方案(CP‐ABE),基于代理重加密的方法以及在用户密钥或密文中嵌入访问控制树的方法等。基于密码类方案面临的一个重要问题是权限撤销,一个基本方案是为密钥设置失效时间,每隔一定时间,用户从认证中心更新私钥;另一个方案是基于用户的唯一ID属性及非门结构,实现对特定用户进行权限撤销。但目前看来,上述方法在带有时间或约束的授权、权限受限委托等方面仍存在许多有待解决的问题。

(二)密文检索与处理

数据变成密文时丧失了许多其他特性,导致大多数数据分析方法失效。密文检索有两种典型的方法:基于安全索引的方法,通过为密文关键词建立安全索引,检索索引查询关键词是否存在;基于密文扫描的方法,对密文中的每个单词进行比对,确认关键词是否存在,并统计其出现的次数。密文处理研究主要集中在秘密同态加密算法设计上。早在20世纪80年代就有人提出多种加法同态或乘法同态算法,但是由于其安全性存在缺陷,后续工作基本处于停顿状态。而近期,研究员金特里(Gentry)利用"理想格"(Ideal Lattice)的数学对象构造隐私同态算法,或称全同态加密,使人们可以充分地操作加密状态的数据,在理论上取得了一定突破,使相关研究重新得到研究者的关注,但目前与实用化仍有很长的距离。

(三)数据存在与可使用性证明

大规模数据导致巨大通信代价,用户不可能将数据下载后再验证其正确性。因此,云用户需要在取回很少数据的情况下,通过某种知识证明协议或概率分析手段,以高置信概率判断远端数据是否完整。典型的工作包括面向用户单独验证的数据可检索性证明(POR)方法、公开可验证的数据持有证明(PDP)方法。

(四)数据隐私保护

云中数据隐私保护涉及数据生命周期的每一个阶段。罗伊(Roy)等人将集中信息流控制(DIFC)和差分隐私保护技术融入云中的数据生成与计算阶段,提出了一种隐私保护系统 airavat,可防止 Map Reduce 计算过程中非授权的隐私数据泄露出去,并支持对计算结果的自动除密。在数据存储和使用阶段,莫布雷(Mowbray)等人提出了一种基于客户端的隐私管理工具,提供以用户为中心的信任模型,帮助用户控制自己的敏感信息在云端的存储和使用。马罗(Munts - Mulero)等人讨论了现有的隐私处理技术,包括 K 匿名、图匿名及数据预处理等。兰科娃(Rankova)等人则提出了一种匿名数据搜索引擎,可以使交互双方搜索对方的数据,获取自己所需要的部分,同时保证搜索询问的内容不被对方所知,搜索时与请求不相关的内容不会被获取。

(五)虚拟安全技术

虚拟技术是实现云计算的关键核心技术,使用虚拟技术的云计算平台上的云架构提供者必须向其客户提供安全性和隔离保证。桑瑟兰姆(Santhanam)等人提出了基于虚拟机技术实现的 grid 环境下的隔离执行机。拉杰(Raj)等人提出了通过缓存层次可感知的核心分配,以及基于缓存划分的页染色的两种资源管理方法,实现性能与安全隔离。这些方法在隔离影响一个 VM 的缓存接口时是有效的,并被整合到一个样例云架构的资源管理(RM)框架中。

(六)云资源访问控制

在云计算环境中,各个云应用属于不同的安全域,每个安全域都管理着本地的资源和用户。当用户跨域访问资源时,需要在域边界设置认证服务,对访问共享资源的用户进行统一的身份认证管理。在跨多个域的资源访问中,各域有自己的访问控制策略。在进行资源共享和保护时,必须为共享资源制定一个公共的、双方都认同的访问控制策略,因此需要支持策略的合成。这个问题最早由麦克林(Mclean)在强制访问控制框架下提出,他提出了一个强制访问控制策略的合成框架,将两个安全格合成一个新的格结构。策略合成的同时要保证新策略的安全性,新的合成策略不能违背各个域原来的访问控制策略。为此,巩(Gong)提出了自治原则和安全原则。博纳蒂(Bonatti)提出了一个访问控制策略合成代数,基于集合论使用合成运算符来合成安全策略。维杰塞克拉(Wijesekera)等人提出了基于授权状态变化的策略合成代数框架。阿加瓦尔(Agarwal)构造了语义 Web 服务的策略合成方案。沙菲克(Shafiq)提出了一个多信任域 RBAC 策略合成策略,侧重解决合成的策略与各域原有策略的一致性问题。

（七）可信云计算

将可信计算技术融入云计算环境，以可信赖方式提供云服务已成为云安全研究领域的一大热点。桑托斯（Santos）等人提出了一种可信云计算平台TCCP，基于此平台，IaaS 服务商可以向其用户提供一个密闭的箱式执行环境，保证客户虚拟机运行的机密性。另外，它允许用户在启动虚拟机前检验 IaaS 服务商的服务是否安全。萨迪吉（Sadeghi）等人认为，可信计算技术提供了可信的软件和硬件，以及证明自身行为可信的机制，可以被用来解决外包数据的机密性和完整性问题。同时，他们设计了一种可信软件令牌，将其与一个安全功能验证模块相互绑定，以求在不泄露任何信息的前提下，对外包的敏感（加密）数据执行各种功能操作。

第三节　大数据隐私保护

随着数据挖掘技术的发展，大数据的价值越来越明显，隐私泄露问题的出现也使大家越来越重视个人隐私保护。在目前相关信息安全和隐私保护法律法规不够完善的情况下，个人信息的泄露、滥用等问题层出不穷，给人们的生活带来了很多麻烦。

一、防不胜防的隐私泄露

个人隐私的泄露在最初阶段主要是由黑客主动攻击造成的。人们在各种服务网站注册的账号、密码、电话、邮箱、住址、身份证号码等各种信息集中存储在各个公司的数据库中，并且同一个人在不同网站留下的信息具有一定的重叠性，这就导致一些防护能力较弱的小网站很容易被黑客攻击而造成数据流失，进而导致很多用户在一些安全防护能力较强的网站的信息也就失去了安全保障。随着移动互联网的发展，越来越多的人把信息存储在云端，越来越多的带有信息收集功能的手机 APP 被安装和使用，而当前的信息技术通过移动互联网的途径对隐私数据跟踪、收集和发布的能力已经达到了十分完善的地步，个人信息通过社交平台、移动应用、电子商务网络等途径被收集和利用，大数据分析和数据挖掘已经让越来越多的人没有了隐私。

为保护个人隐私权，很多企业都会对其收集到的个人信息数据进行匿名化处理，抹掉能识别出具体个体的关键信息。但是在大数据时代，由于数据体量巨大，数据的关联性强，即使是经过精心加工处理的数据，也可能泄露敏感的隐私信息。早在 2000 年，拉坦娅·斯威尼（Latanya Sweeney）博士就说明只需要 3

个信息就可以确定87％的美国人的邮政编码、出生日期和性别,而这些信息都可以在公共记录中找到,另外根据用户的搜索记录也可以很轻易地锁定某个人。

当前人们在使用社交网站发布说说、微博的同时,使用定位功能显示自身准确位置,各种好友评论中无意的直呼真名或者职务,各种网站和论坛注册的邮箱、电话号码、QQ等信息,电商平台的实名认证和银行卡关联,网上投递个人简历等都会把个人隐私信息全部或部分展示出来。同时,随着移动互联网的发展,越来越多的人开始使用云存储和各种手机APP(为了与商家合作推送广告,很多APP都具有获取用户位置、通讯录的功能),个人信息也就相应地在互联网和云存储中不断增多。谷歌眼镜作为互联网时代最新的科技成果之一,带给人们随时随地拍摄、随时随地上传的新鲜体验,但是这也意味着越来越多的人可能在不知情的情况下已经被录像并上传到了互联网,因此谷歌眼镜直接被冠以了"隐私杀手"的称号。这些新技术就像一把双刃剑,在方便人们生活的同时,也带来了个人隐私泄露的更大风险。

二、隐私保护的政策法规

在现代社会,完善的法律法规是社会秩序正常运行的基本保障,也是各行各业健康、有序发展的根本依据,互联网行业同样不能例外。当前,包括中国在内的很多国家都在完善数据使用及隐私相关的法律,以便在保障依法合理地搜集处理和利用大数据信息创造社会价值的同时,保护隐私信息不被窃取和滥用。

在隐私保护立法方面走在前面的当属欧洲。欧洲人将隐私作为一种值得法律完全保护的基本人权来对待,制定了范围广泛的跨行业的法律。欧洲认为隐私是一个"数据保护"的概念,隐私是基本人权的基础,国家必须承担保护私人信息的义务。欧洲最早的数据立法是20世纪70年代初德国黑森州的数据保护法。1977年,德国颁布了《联邦数据保护法》。瑞士1973年通过了《数据保护法案》。1995年10月,欧盟议会代表所有成员国,通过了《欧盟个人数据保护指令》,简称《欧盟隐私指令》,指令的第一条清楚地阐明了其主要目标是"保护自然人的基本权利和自由,尤其与个人数据处理相关的隐私权"。这项指令几乎涵盖了所有处理个人数据的问题,包括个人数据处理的形式,个人数据的收集、记录、存储、修改、使用或销毁,以及网络上个人数据的收集、记录、搜寻、散布等。欧盟规定各成员国必须根据该指令调整或制定本国的个人数据保护法,以保障个人数据资料在成员国间的自由流通。1998年10月,有关电子商务的《私有数据保密法》开始生效。1999年,欧盟委员会先后制定了《互联网上个人隐私权保护的一般原则》《关于互联网上软件、硬件进行的不可见和自动化的个人数据处理的建议》《信息公路上个人数据收集、处理过程中个人权利保护指南》等相关法规,为用户和网络服务商提供了清晰可循的隐私权保护原则,从而在成员国内有效地建立起了有关互联网隐私权保护的统一的法律体系。

作为电子商务最发达的国家,美国在 1986 年就通过了《联邦电子通信隐私权法案》,它规定了通过截获、访问或泄露保存的通信信息侵害个人隐私权的情况、例外及责任,是处理互联网隐私权保护问题的重要法案。

与数据隐私密切相关的是数据的所有权和数据的使用权。数据由于资产化和生产要素化,其所附带的经济效益和价值也就引出了一系列法律问题,比如数据的所有权归属,其所涵盖的知识产权如何界定,如何获得数据的使用权,以及数据的衍生物如何界定等。智慧城市和大数据分析往往需要整合多种数据源进行关联分析,分析的结果能产生巨大的价值,然而这些数据源分属不同的数据拥有者。对这些拥有者来说,数据是其核心资源甚至是保持竞争优势的根本,因此他们不一定愿意将其开放共享。如何既能保证数据拥有者的利益,又能有效促进数据的分享与整合,也成为与立法密切相关的重要因素。

三、隐私保护技术

隐私保护技术效果可用披露风险来度量。披露风险表示攻击者根据所发布的数据和其他相关的背景知识,能够披露隐私的概率。那么,隐私保护的目的就是尽可能降低披露风险。隐私保护技术大致可以分为以下几类。

(一)基于数据失真(Distortion)的技术

数据失真技术简单来说就是对原始数据"掺沙子",让敏感的数据不容易被识别出来,但沙子也不能掺得太多,否则就会改变数据的性质。攻击者通过发布的失真数据不能还原出真实的原始数据,但同时失真后的数据仍然保持某些性质不变。比如,对原始数据加入随机噪声,可以实现对真实数据的隐藏。当前,基于数据失真的隐私保护技术包括随机化、阻塞(Blocking)、交换、凝聚(Condensation)等。例如,随机化中的随机扰动技术可以在不暴露原始数据的情况下进行多种数据挖掘操作。由于通过扰动数据重构后的数据分布几乎等同于原始数据的分布,因此利用重构数据的分布进行决策树分类器训练后,得到的决策树能很好地对数据进行分类。而在关联规则挖掘中,可以在原始数据中加入很多虚假的购物信息,以保护用户的购物隐私,但又不影响最终的关联分析结果。

(二)基于数据加密的技术

在分布式环境下实现隐私保护要解决的首要问题是通信的安全性,而加密技术正好满足了这一需求,因此基于数据加密的隐私保护技术多用于分布式应用中,如分布式数据挖掘、分布式安全查询、几何计算、科学计算等。在分布式环境下,具体应用通常会依赖数据的存储模式和站点(Site)的可信度及其行为。

对数据加密可以起到有效保护数据的作用,但就像把东西锁在箱子里,别人拿不到,自己要用也很不方便。在"隐私同态"或"同态加密"领域中取得的突破可以解决这一问题。同态加密是一种加密形式,它允许人们对密文进行特定的代数运算,得到的仍然是加密的结果,与对明文进行运算后加密一样。这项技术使得人们可以在加密的数据中进行检索、比较等操作,得出正确的结果,而在整个处理过程中无需对数据进行解密。比如,医疗机构可以把病人的医疗记录数据加密后发给计算服务提供商,服务商不用对数据解密就可以对数据进行处理,处理完的结果仍以加密形式发送给客户,客户在自己的系统上才能进行解密,看到真实的结果。但目前这种技术还处在初始阶段,所支持的计算方式非常有限,同时处理的时间开销也比较大。

(三)基于限制发布的技术

限制发布也就是有选择地发布原始数据、不发布或发布精度较低的敏感数据,实现隐私保护。这类技术的研究主要集中于"数据匿名化",就是在隐私披露风险和数据精度间进行折中,有选择地发布敏感数据或可能披露敏感数据的信息,但保证对敏感数据及隐私的披露风险在可容忍范围内。数据匿名化研究主要集中在两个方面:一是研究设计更好的匿名化原则,使遵循此原则发布的数据既能很好地保护隐私,又具有较大的利用价值;二是针对特定匿名化原则设计更"高效"的匿名化算法。数据匿名化一般采用两种基本操作:一是抑制,抑制某数据项,即不发布该数据项,如隐私数据中有的可以显性标识一个人的姓名、身份证号等信息;二是泛化,泛化是对数据进行更概括、抽象的描述。

安全和隐私是云计算和大数据等新一代信息技术发挥其核心优势的拦路虎,是大数据时代面临的一个严峻挑战。但是,这也是一个机遇,在安全与隐私的挑战下,信息安全和网络安全技术也得到了快速发展,未来安全即服务(Security as a Service)将借助云的强大能力,成为保护数据和隐私的一大利器,更多的个人和企业将从中受益。历史的经验和辩证唯物主义的原理告诉我们,事物总是按照其内在规律向前发展的,对立的矛盾往往会在更高的层次上达成统一,矛盾的化解也就意味着发展的更进一步。相信随着相关法律体系的完善和技术的发展,未来大数据和云计算中的安全隐私问题将会得到妥善解决。

参 考 文 献

[1] 阿尔杰. 大数据云计算时代数据中心经典案例赏析[M]. 曾少宁,于佳,译. 北京:人民邮电出版社,2014.

[2] 陈桂龙. 云计算大数据推动智慧中国[J]. 中国建设信息化,2014 (13):6-9.

[3] 陈婕. 基于区块链技术的本地化云计算大数据应用分析[J]. 信息记录材料,2020(8):177-178.

[4] 陈志华,刘晓勇. 云计算下大数据非结构的稳定性检索方法[J]. 现代电子技术,2016(6):58-61.

[5] 邓仲华,刘伟伟,陆颖隽. 基于云计算的大数据挖掘内涵及解决方案研究[J]. 情报理论与实践,2015(7):103-108.

[6] 郭敏杰. 大数据和云计算平台应用研究[J]. 现代电信科技,2014(8):7-11.

[7] 郭鹏飞,李刚. 大数据方法及其应用[J]. 计算机科学与应用,2019(9):1724-1731.

[8] 郭远威. 大数据存储[M]. 北京:人民邮电出版社,2015.

[9] 胡乐明,冯明,唐宏. 云计算安全技术与应用[M]. 北京:电子工业出版社,2012.

[10] 黄磊. 大数据云计算环境下的数据安全[J]. 电子制作,2017(20):55-56.

[11] 季敏霞,肖宇. 浅谈大数据与云计算的关系及未来发展[J]. 黑龙江科技信息,2014(31):200.

[12] 雷葆华,江峰,饶少阳. 云计算解码:技术架构和产业运营[M]. 北京:电子工业出版社,2011.

[13] 李军. 实战大数据:客户定位和精准营销[M]. 北京:清华大学出版社,2015.

[14] 李晓飞. 基于云计算技术的大数据处理系统的研究[J]. 长春工程学院学报(自然科学版),2014(1):116-118.

[15] 李勇. 互联网＋畜牧:畜牧业在云计算大数据下的发展与变革[J]. 河南畜牧兽医(市场版),2015(11):10-11.

[16] 李跃勇. 大数据技术理论及其应用实践探索[J]. 计算机产品与流通，2020(11):213 - 213.

[17] 梁晓丽，贾晓丰. 决策支持系统理论与实践[M]. 北京:清华大学出版社，2014.

[18] 刘鹏. 云计算大数据处理[M]. 北京:人民邮电出版社，2015.

[19] 刘帅. 大数据和云计算平台应用研究[J]. 电子技术与软件工程，2016(12):164.

[20] 刘鑫，郁文清. 基于区块链技术的本地化云计算大数据应用研究[J]. 中国新通信，2019(5):92.

[21] 刘镇. 基于云计算的大数据挖掘内涵及解决方案研究[J]. 科技风，2017(19):39 - 39.

[22] 陆嘉恒. 大数据挑战与 NoSQL 数据库技术[M]. 北京:电子工业出版社，2013.

[23] 马献章. 数据库云平台理论与实践[M]. 北京:清华大学出版社，2016.

[24] 齐珂，张彦琦，孟子栋. 探讨云计算大数据的安全问题与应对措施[J]. 中国新通信，2018(15):163.

[25] 孙海军. 基于云计算的大数据处理技术[J]. 信息安全与技术，2014(11):61 - 63.

[26] 索晓明. 探讨云计算大数据的安全问题和应对措施[J]. 门窗，2019(18):293.

[27] 王斌. 基于云计算的 GIS 大数据分析技术与应用[J]. 国外电子测量技术，2019(9):142 - 147.

[28] 王飞. 数据架构与商业智能[M]. 北京:机械工业出版社，2015.

[29] 王建徽. 探讨云计算大数据的安全问题与应对措施[J]. 网络安全技术与应用，2019(11):75 - 76.

[30] 王鹏. 云计算的关键技术与应用实例[M]. 北京:人民邮电出版社，2010.

[31] 吴昱. 大数据精准挖掘[M]. 北京:化学工业出版社，2014.

[32] 杨静. 云计算环境下的大数据可靠存储关键技术概述[J]. 电脑知识与技术，2014(32):7574 - 7575.

[33] 姚宏宇，田溯宁. 云计算:大数据时代的系统工程[M]. 北京:电子工业出版社，2016.

[34] 尹林. 大数据与云计算的关系探讨[J]. 通信与信息技术，2015(5):50 - 52.

[35] 袁玉宇，刘川意，郭松柳. 云计算时代的数据中心[M]. 北京:电子工业出

版社，2012.

[36]   张华平. 大数据搜索与挖掘[M]. 北京:科学出版社，2014.

[37]   章松. 云计算大数据环境下的信息安全探究[J]. 市场周刊(理论版)，2017(37):235.

[38]   中国电信网络安全实验室. 云计算安全:技术与应用[M]. 北京:电子工业出版社，2012.

[39]   周艳芳. 试析基于云计算的大数据处理技术[J]. 信息技术与信息化，2020,248(11):250-252.

[40]   朱近之. 智慧的云计算:物联网的平台[M]. 北京:电子工业出版社，2011.

[41]   朱珺辰,高俊杰,宋企皋. 大数据、人工智能与云计算的融合应用[J]. 信息技术与标准化，2018(3):45-48.